中国黑麂

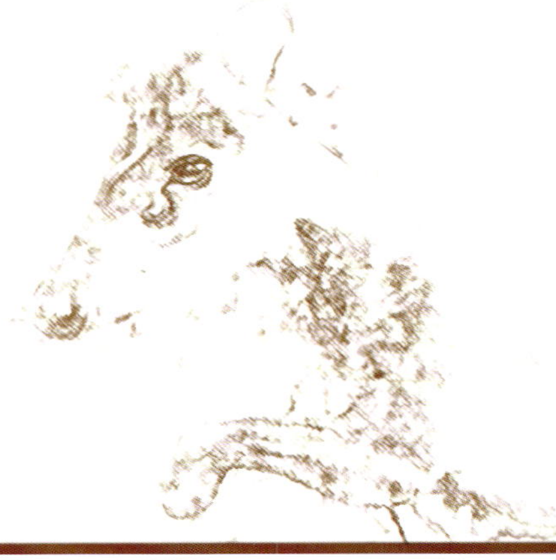

（人工饲养篇）

CHINA BLACK FRONTED MUNTJAC

胡新波◎主编

中国林業出版社
·北 京·

图书在版编目（CIP）数据

中国黑鹿. 人工饲养篇 / 胡新波主编. -- 北京:中国林业出版社, 2020.9

ISBN 978-7-5219-0777-3

Ⅰ. ①中… Ⅱ. ①胡… Ⅲ. ①鹿科－研究－中国Ⅳ. ①Q959.842

中国版本图书馆CIP数据核字(2020)第172555号

出　版：中国林业出版社（100009 北京市西城区德内大街刘海胡同7号）

网　址：http://www.forestry.gov.cn/lycb.html

E-mail：cfybook@sina.com　　　电　话：010-83143521

发　行：中国林业出版社

印　刷：北京博海升彩色印刷有限公司

版　次：2020年10月第1版

印　次：2020年10月第1次

开　本：889mm×1194mm 1/16

印　张：8

字　数：113千字

定　价：100.00元

编　辑
委员会

主　　编：胡新波

副 主 编：江　志　王才益　王福云

编委成员（按姓氏笔画排序）：

马冬卉　王才益　王洪波　王福云

江　志　吴国平　应志豪　罗坚文

郑应婕　胡新波　黄　飞　黄淑芳

楼　毅

摄　　影：江　志　刘逸夫

前言

黑麂（*Muntiacus crinifrons*）是中国特有的鹿科珍稀动物，主要分布于皖南和浙江及福建省交界的山区。已被列入《濒危野生动植物种国际贸易公约》（CITES）附录I中，同时被列入中国国家一级重点保护野生动物。在安徽古牛降和浙江天目山均设有专门的保护区。它是鹿科动物的重要分支，对于研究鹿科动物的分布、演化有着重要的科学价值。

安徽师范大学、浙江师范大学和华东师范大学等高校对野外黑麂生态环境、生活习性和数量均进行了相关调查和研究，但由于缺乏个体材料，目前尚没有机构对人工饲养条件下黑麂的生理、生化、疾病等行为习性进行过系统研究。本书作者们利用杭州动物园多年来救护和人工繁殖的成功个体，对黑麂在人工饲养条件下的生理、生化、疾病、饲料和行为习性等方面进行了全方位的研究，并参考过去国内外学者已发表的资料，撰写了《中国黑麂（人工饲养篇）》。这一专著，内容丰富，全面地介绍了黑麂这一动物在人工饲养条件下的情况，并提出保护措施等。因此，《中国黑麂（人工饲养篇）》是一本较有价值的动物物种保护方面的著作。

我们相信《中国黑麂（人工饲养篇）》的出版，将有助于国内外动物科学工作者，尤其是动物园动物物种保护工作者对黑麂的了解，并为国家管理部门保护这一中国珍稀特有物种，提供科学依据。

编者

2020年6月

目录

第一章 黑麂概述

（人工饲养篇）

第一节　外部形态

黑麂是麂类中体型较大的种类。雄性黑麂体长100～110cm，肩高60cm左右，体重21～26kg；雌性黑麂个体比雄性黑麂个体略小。黑麂的被毛比较细密，从头到尾呈不同毛色。头颈部呈黄棕色，眼后到额顶部有簇状金黄或棕黄色的长毛特别明显，躯干与背部及尾部呈棕褐色，尾腹面及四肢内侧的毛均为白色，白毛从尾两侧长出，十分醒目。四肢颜色最深，呈黑色。一年会换两次毛，4月中旬开始换夏毛，夏季体毛较冬季体毛棕色成分增加，无绒毛，毛色油亮有光泽。10月上旬开始换冬季体毛，冬季体毛呈褐色，较夏毛色泽暗淡。雄性黑麂与雌性相比，身体毛色呈棕黄色，而雌性毛色呈褐色。刚出生时幼崽身体呈黄褐色，背部有4行纵向排列的黄白色斑点，三个月后斑点被棕褐色毛覆盖，体貌与成体相似。

黑麂脸部较为狭长，前额至吻部毛色微黑，鼻端裸露，自眶下腺向两角分叉的方向每侧有一条较为明显的黑毛组成的纹路，两条黑线看起来就像一个“V”字形。眼大而圆，眶下腺呈裂缝状，泪窝明显，耳长且直立，颈部长，四肢细长。雄兽有角，不分叉，角短而直向后伸展，角基长、角尖向内弯，两尖相对。额顶部有簇状棕黄色的长毛，有时能把两只短角遮住看不出来，“蓬头麂”之名就是从此而来的。雌兽无角。每年4月，雄鹿的角脱落，新角就会开始生长。

第二节　野外分布

黑麂在全球的分布区十分狭窄，仅分布于我国的安徽南部、浙江及与浙江接壤的福建和江西部分地区。分布于北纬28°～31°，东经117°～120°的39个县范围内。浙江的桐庐、安吉、余杭、临安、富阳、诸暨、建德、淳安、东阳、金华、开化、常山、衢州、遂昌、武义、缙云和龙泉、庆元等县，偶见于临海县；安徽的广德、宁国、泾县、青阳、贵池、石台、太平、旌德、绩溪、歙县、休宁、黟县、祁门、东至等县；江西的婺源、玉山县；福建的浦城县，整个分布区涉及4个省39个县，面积约7.65万km^2。栖息地在海拔1000m左右，以常绿阔叶林和灌木林主为。华东师范大学陈敏（Min Chen）等2008年在西藏收集到的4个动物皮肤样本，通过皮肤色素中的B细胞线粒体DNA分析，发现四个样本中的B细胞基因序列与已出版的黑麂Ay239042基因序列高度相似，四个样本均鉴定为黑麂，成果《Identification of black muntjac（Muntiacus crinifrons）in Tibet，China，by cytochrome b analysis》发表在杂志《保护遗传学》（Conserv Genet）2008年第9期上。

第三节　生态学特性

一、保护状态

黑麂是我国一级重点保护野生动物，《濒危野生动植物种国际贸易公约》（CITES）附录Ⅰ物种，世界自然保护联盟（IUCN）将其濒危等级列为易危（VU），是世界公认最珍贵的鹿科动物之一。

20世纪50年代，在我国浙江宁波和桐庐首获3个黑麂标本。六七十年代，华东师范大学的盛和林教授等便开始了对这一物种的研究。在对黑麂进行了体貌特征描述的基础上，较全面的展开了该物种的数量调查，黑麂的总数为7000～8500头。国家林业局于2013—2017年对全国野生黑麂种群再次进行了调查，推算出安徽省黑麂野外种群数量为1480～1841头，浙江省黑麂野外种群数量为4947～6182头，江西省黑麂野外种群数量96～118头，福建省黑麂野外种群数量290～360头，我国现存黑麂野外种群总数量为6921～8600头。2012—2013年，浙江九龙山国家级自然保护区季国华等用宏观和微观相结合的方法对九龙山保护区内黑麂资源进行了调查，保护区内黑麂密度为7.93±0.75只/km^2。

二、生态学

黑麂主要栖息于山地海拔1000m左右、郁闭度好的常绿阔叶林或常绿落叶阔叶混交林中。地面潮湿，蕨类植物生长良好是黑麂活动的主要生境类型（Sheng and Lu，1980; Lu and Sheng，1984; 盛和林，1987；王岐山，1990）。黑麂在不同季节对生境的选择具有明显的变化，春季喜活动于茅草丛，夏季常栖息在高山林间的阴坡或水源附近，而冬季则大多在阳坡活动（王岐山，1990）。郑祥等（2006）认为，夏季黑麂主要利用针阔混交林和阔叶林，冬季对针叶林的利用频率有所增加。

通过对黑麂野外食性研究。有游走觅食的习性，在一定的范围内来回觅食，直到吃饱为止。主要采食草本植物的叶和嫩枝等，种类多达近百种。根据冬季所解剖的7头黑麂的胃容物分析，鉴定出种子植物种类，蕨类植物种类，伞菌植物种类。每个胃内平均有4.8种，最多的可达12种。取食频次最高的是伞菌植物，主食的绿色植物有百合科的菝葜、杉科的三尖杉、虎耳草科的矩圆叶鼠刺、杜鹃花科的杜鹃花属植物。此外，五味子科的南五味子，玄参科的爬岩红也在黑麂的食谱中。灌木是黑麂全年的主要食物，它在食物组成所占的比例为55.4%。

冬季山中缺食时，黑麂常采食农民种的油菜和萝卜苗，喜食豆类及红薯的茎叶，也吃麦苗及玉米苗。根据王岐山等（1990）的调查，在皖南山区，栎树散落的橡子是黑麂秋冬季节的主要食物，二葛藤、红腺悬钩子、铃木、黄花

菜等植物也是黑麂在冬季的食物。

1．繁殖研究。盛和林等对野外黑麂的繁殖行为进行了研究，以鹿角、牙齿、体重及外部形态等特征，作为早期年龄鉴定的指标。以附睾生殖细胞，确定雄性动物的性成熟期。雄性黑麂第3枚臼齿的出现是其性成熟的标志，前臼齿的更换是体成熟的标志（吴海龙，2017）。通过对子宫的解剖，确定雌性动物的繁殖期、胚胎数和繁殖情况。

黑麂雄性性成熟期为10～12月龄，雌性性成熟期为6～8月龄，观察到的雌性最大繁殖年龄为12岁。黑麂能全年无季节性繁殖，但是圈养条件下多在9～11月份发情， 4～7月份产仔。孕期约240天，每胎一仔，哺乳期2～3个月。根据圈养个体的观察，个别雌性在哺乳期怀孕，说明有产后发情现象。

2．行为。主要栖息于海拔1000m左右的山地常绿阔叶林及常绿落叶阔叶混交林和灌木丛中，比其他鹿类栖息地的海拔高。大多在早晨和黄昏活动，白天常在大树根下或在石洞中休息，在陡峭的地方活动时有较为固定的路线，常踩踏出16～20cm宽的小道，但在平缓处则没有固定的路线。胆小怯懦，恐惧感强，稍有响动立刻跑入灌木丛中隐藏起来。一般雄雌成对在一起，活动比较隐蔽。野外排粪无固定场所，粪便长椭圆形，黑褐色。黑麂有领域性，一般在领域范围内活动，有些个体的活动距离可达2.5～5km一般在领域范围内活动，具有良好的游泳本领。

野外黑麂易惊、不易观察，其行为学的研究成果主要来自于人工或半人工饲养条件下动物个体的观察和分析。黑麂的姿势共有站、立、跪、卧、躺、行、跑、跳、蹲9种，其各种行为都是建立在这9种姿势的基础上。主要个体行为有摄食、运动、休息、警戒等交往行为主要有亲密行为、性行为、骚扰行为、敌对行为等。黑麂个体间的交往多发生在晨昏，雌雄两性之间多表现为性行为（53.07%）和亲密行为（46.15%），雌雄同性之间主要表现为骚扰行为（68.35%）和考雩行为（31.65%），而雄性之间则主要表现为敌对行为。圈养黑麂行为谱见表1-1。

表1-1　圈养环境中黑麂动纪录

行为 Acts	简述 Resume
头颈部 Head and Neck	
摆头 Shaking	头部左右摆动
抬头 Head up	头部从下向上抬起
顶 core	用头及角从下往上拱起
前伸 Extend	头颈部向前伸
左转 Turning left	头颈部向左转
右转 Turning right	头颈部向右转
后转 Turning	头颈部向后转，带动身体转向
回头 Turn back	头向后回顾，身体不动
低头 Lower head	头从上向下低
嘴部 Mouth	
啃 Gnaw	用门齿切割树皮等食物
扯 Pull	用牙咬住食物后向后拉扯
咬 Bite	用牙咬住物体
嚼 Chew	食物在嘴里咀嚼
舔 Lick	用舌头舔
张嘴 Open mouth	上下鄂张开
闭嘴 Close mouth	上下鄂闭合
流涎 Salivate	唾液从口中流出

（续表）

行为 Acts	简述 Resume
吞咽 Swallow	将口中物体吞入食道
喝 Drink	进食水或其他液体
嗳气 Belch	气体从胃经口呼出
吠叫 Bark	声带发出叫声
眼鼻耳部 Ear, eye and nose	
闭眼 Close eyes	双眼闭合
注视 Watch	双眼紧盯某物
瞪眼 Stare	张大双眼
眨眼 Blink	眼睛快速开合
眶下腺张开 Preobital gland dilation	眶下腺从闭合到张开
呼气 Expire	经鼻口呼出空气
吸气 Inspire	经鼻口吸入空气
嗅 Sniff	用鼻子嗅闻
鼻翼撑张 Nose-wing open	鼻孔张大
耳前转 Ears turn forward	耳朵直立向前转动
耳后转 Ears turn back	耳朵直立向后转动
耳后伏 Ears laid back	耳朵向后贴紧后脑
耳侧立 Ears turn to aside	耳朵直立向两侧静止
触 Touch with muzzle	用嘴部去触碰某物
四肢 Limbs	
直立 Stand	前肢撑墙或其他物体，身体直立
前迈 Step forward	前后肢向前迈步
跑步 Running	用四肢快速向前移动
跳 Jumping	四肢离地，从上往下或从下往上跳跃
前肢伸直 Forelegs straight	前肢关节伸直
前肢弯曲 Forelegs bend	前肢关节弯曲

（续表）

行为 Acts	简述 Resume
后肢伸直 Hindlegs straight	后肢关节伸直
后肢弯曲 Hindlegs bend	后肢关节弯曲
踢 Kick	后肢快速用力向后侧弹出
刨 Paw	前肢将地面物品向下向后挖
撑 Support	前后肢都向外侧叉开站立
前肢开叉站立 Stand with forelegs apart	前肢向外侧叉开站立
后肢开叉站立 Stand with hindlegs apart	后肢向外侧叉开站立
腰荐腹部 Hindquarter	
直腰 Back straight	腰部纵向直立
伸腰 Stretch	拉伸腰部
弯腰 Bend	腰部向两侧或腹部弯曲
左转身 Turn left	向左转身
右转身 Turn right	向右转身
翘尾 Tail raised	尾尖向上翘
卷尾 Tail arched	尾向内卷起
尾下垂 Tail down	尾尖垂向地面
蹭 Rub	用身体部位蹭某物
抖 Shieve	身体部位抖动
排粪 Defecate	排出烘便
排尿 Urinate	排出尿液
前冲 Thrust	整个身体向前
插入 Insert	阴茎插入阴道
分娩 Birth	幼仔经产道出生
勃起 Erect	阴茎从身体露出
射精 Ejaculate	精液从公兽体内射出
（腹部）收缩 Contraction	腹部肌肉收紧

第二章 黑麂解剖学概述

（人工饲养篇）

杭州动物园通过对5头黑麂的解剖，参考相关单位发表的黑麂解剖学资料文献，分别对黑麂的头骨、消化系统、呼吸系统、循环系统、泌尿系统、生殖系统进行研究。

一、头骨

头骨整体呈三角锥体状。鼻骨从前向后端由窄变宽，直接嵌入额骨中间；额骨前部微凹，后部微突顶骨倾斜；枕骨整体呈棱锥体状。泪窝约占泪骨2/3大小，眼窝比泪窝略大。鼻骨下方与泪窝交界处有一空隙。

二、消化系统

（一）口腔

口腔最前端是唇，唇外皮肤韧性强，内黏膜上长有短而钝的角质化乳头，尖端向后，近口裂处较长。口腔顶壁腭前部分为硬质，后部分为软质，硬质腭上有横排波浪形隆起的腭褶。口腔中央为舌，成体自然状态下长13.5～15.2cm，进食时可以伸出口腔外3～5cm。舌尖圆形，其背侧两面均长有菌状乳头。口腔内两侧上下为牙齿，上颌无门齿，门齿处为角质垫，犬齿左右各1颗，雄性犬齿成年后长出口腔外，成为獠牙，下颌每侧各有3枚门齿。齿式为0・1・3・3/3・1・3・3。

（二）食道

成年黑麂食道全长4.80～5.30cm。口腔相接处呈漏斗状，与气管平行紧贴，向身体内逐渐变细，与瘤胃相连。韧性强，伸缩性较大。外面与肝脏之间连有系膜。

（三）胃

黑麂胃为反刍胃，即由瘤胃、网胃、瓣胃、皱胃组成。瘤胃长26.8～27.4cm，宽27.9～28.2cm，其容积约占全部胃室的70%。瘤胃内壁草绿色，黏膜表面形成无数圆柱状的瘤胃乳头。网胃长9.8～10.9cm，宽9.1～9.7cm，其容积约占全部胃室的9%。网胃呈椭圆形，内壁浅绿色，嵴呈蜂窝状，网胃房约0.41×0.52cm。瓣胃长15.6～16.9cm，宽7.0～7.4cm，其容

积约占全部胃室的11%，呈半月弧形，内壁草绿色，黏膜形成互相平行的皱褶，即瓣胃叶，瓣胃叶长短不一。皱胃长12.8～13.2cm，宽6.1～6.9cm，其容积约占全部胃室的7%，呈前粗后细的囊状，内壁肉红色，长有大量胃腺。皱胃属于真胃，具有腺上皮，能分泌胃液。

（四）肠

黑麂的肠与皱胃相连，由小肠和大肠组成，全长约1250cm，是体长的12倍左右。

小肠由十二指肠、空肠和回肠组成，全长约725cm，占整个肠道总长的58%，是体长的6.9倍。十二指肠开始于幽门，然后折向体右前方，全长约6.4cm，胰管和胆管均开口于十二指肠的弯曲处，后接空肠。空肠全长约650cm，其主要特点是管壁血管丰富，黏膜面长有很多密密麻麻的环形皱襞。回肠与空肠交接处无明显特征，全长约70cm，其下连盲肠。空肠是营养吸收的主要场所，其内壁有细密的皱褶。

大肠位于腹腔右侧及骨盆腔中，前起小肠末端，后抵肛门，从前到后分为盲肠、结肠、直肠，肠腔较小肠腔约粗1倍。

大肠全长约525cm，约占整个肠道总长的42%，约是体长的5.0倍。盲肠2根，为大肠起始部，一侧长度约36cm，另一侧长度47cm，内部有3个通道，通回肠、结肠和阑尾。结肠由升结肠、横结肠、降结肠3段组成，全长约418cm，约占大肠全长的79%，在腹腔内排列形似“M”，包小肠外围。直肠下端开口于肛门，外臂多脂肪，位于膀胱的背侧，全长约26cm。

（五）肝脏

黑麂的肝脏呈棕红色，分左、中、右3叶，重约600g。位于胸腔内，上缘靠近心脏，下缘与胃紧紧相贴，左叶长约14.6cm，宽约12cm，约呈椭圆状；右叶长约12cm，宽约11cm，约呈方形；中叶近似三角形，其高6cm，底边6cm；右叶背面凹陷处伸出两支胆管，将胆汁注入十二指肠。无胆囊。

（六）胰

黑麂的胰呈淡粉红色，呈扁平状，长约14cm，最宽处约为15cm，全重约4g。其位于肝脏和十二指肠之间，紧邻皱胃和肾脏。

三. 呼吸系统

（一）鼻

黑麂的鼻由上端的嗅觉部分和下端的呼吸通气部分组成。其上端长有鼻甲，黏膜内长有嗅细胞，鼻甲向内伸到鼻旁窦，是发声的共鸣器。下端的鼻腔主要起呼吸气作用。

（二）气管

气管呈乳白色，由环状软骨构成，具有弹性，开口于喉头，向身体内分出2根支气管，分别与两肺腔连接。全长约22cm，直径约2.2cm。

（三）肺

肺呈粉红色，具有弹性，位于胸腔内，分左右两部分，左肺由前叶、中叶和后叶3部分组成；右肺由前叶、中叶、后叶和内侧的副叶4部分组成。

四、循环系统

（一）心脏

心脏呈棕红色，位于胸腔内的两肺之间，靠左。心脏外包一层心膜，心尖钝圆，向左前下方，紧邻胸前壁，触摸此处皮肤可感觉到心尖搏动。表面有3条沟，分别为冠状沟、前室间沟和后室间沟。冠状沟是心脏外面分隔心房与心室的标志。心脏重约184g，占身体总重量的0.8%，长度约为11cm，宽度约7.5cm；左心室壁厚约2.1cm，右左心室壁厚约1cm。

（二）脾脏

脾脏呈暗紫色，在腹腔内，与瘤胃壁相连，下部游离。脾脏长约12cm，宽约6.5cm，厚约为1.6cm，重约57g。

五、泌尿系统

1．肾脏

黑麂的肾脏呈棕褐色，两肾均呈蚕豆状，表面光滑，外包一层膜。右肾位于肝下方、第9～11胸椎处，长约7.9cm，宽3.6cm。左肾位于第2～4腰椎处，长.67cm，宽3.4cm。

2．输尿管

肾盂生出输尿管，左右各一根，两根端口均与膀胱相连，主要起导尿作用，长34cm。

3．膀胱

黑麂的膀胱在无尿液时呈梨形，长7.7cm，宽3cm，质地韧性较强。

六、生殖系统

1．雌性生殖器官

（1）卵巢

黑麂的卵巢呈浅黄色，位于子宫角和骨盆腔之间，表面光滑，质地较坚实，具有弹性。

（2）输卵管

黑麂的输卵管是连接卵巢和子宫，是输送卵子的器官，长约15cm。

（3）子宫

子宫由子宫颈、子宫体、子宫

角三个部分组成，属于双角子宫，呈羊角状。子宫长115mm，宽95mm。

（4）阴道

阴道内膜呈粉红色，向前通向子宫，一侧与直肠相邻，腹侧为膀胱和尿道，且与尿生殖前庭相连，具有皱褶，长约9.2cm。

2．雄性生殖器官

（1）阴囊

黑麂的阴囊位于两股之间，距离最近的乳头约1.5cm，长6～8cm，最宽处2～3cm，没有明显的阴囊颈。

（2）睾丸

黑麂的睾丸呈淡粉红色，2个，呈略扁的椭圆状，质地坚实有弹性，表面光滑，左右不一般大，长3～4cm，宽1～1.5cm。

（3）附睾

附睾由头、体、尾三部分组成，紧邻睾丸后缘。头宽0.8～1cm，体宽0.1～0.2cm，尾宽0.8～1cm。

（4）输精管

输精管睾丸长16～22cm，粗0.2～0.4mm，其中壶腹部呈圆锥状。

（5）附性腺

附性腺由精囊腺、前列腺和尿道球腺组成。精囊腺，位于尿生殖道前端，输精管壶腹部外侧，表面光滑。它的排泄管和输精管的排泄管穿过尿道后合并构成射精口，长1～1.6cm。前列腺，由体部和扩散部组成，呈圆枕状，长0.3～0.5cm，扩散部埋藏在骨盆部尿生殖道黏膜的海绵体中。尿道球腺为成对类圆球状，大小不一，位于骨盆部尿生殖道后端海绵体肌前的凹陷内。

（6）尿生殖腺

尿生殖腺由骨盆部和阴茎部组成。骨盆部，位于骨盆腔底壁

上，由膀胱颈直达坐骨弓，外层包裹尿道肌，中层为海绵体，内膜呈粉红色，其内腔前端背侧有一隆起，即为精阜。阴茎部，从坐骨弓以后与阴茎结合在一起，位于阴茎腹侧面，末端开口于阴茎尿道突。

（7）阴茎和包皮

阴茎为两侧微扁的圆柱状，长10.5～13cm，直径0.7～1.1cm，坚实，表面包有白膜，内部主要为纤维体和海绵体。包皮，长2.5～3.5cm，位于脐后约6cm处，外周有稀疏的硬毛，主要起包裹阴茎前端的作用。

第三章 动物园中的黑麂

（人工饲养篇）

根据资料记载，杭州动物园首次饲养黑麂为1963年，合肥野生动物园（原合肥逍遥津公园动物园）首次饲养黑麂为1981年。均为救护野外受伤个体，圈养条件下首次繁殖记录是杭州动物园1985年。上海动物园两头黑麂移到杭州动物园进行合作繁殖，21世纪初合肥动物园和杭州动物园均提供黑麂个体给北京动物园。国家林业和草原局（原林业部）20世纪90年代在皖南成立了皖南国家野生动物救护中心，很快就救护了黑麂，并成功进行了圈养和繁殖。除此四家国有单位外，尚无其他单位圈养黑麂。

第一节　遗传管理

至2020年3月止，全国饲养有黑麂的单位有四家：杭州动物园、合肥野生动物园、北京动物园和皖南国家野生动物救护中心。其中，杭州、合肥、北京三家动物园均是中国动物园协会成员，所以三家动物园黑麂已纳入中国动物园协会动物种群统一管理，截至2020年3月20日三家动物园黑麂谱系总共记录了56头个体（见附录“黑麂谱系”）。目前存活个体44个，其中雄性个体20只、雌性个体22只、未知性别2只。年龄最大的个体为16岁雌性个体，其中6岁以下的个体有雄性个体14只、雌性个体15只、未知性别2只。最小的首次繁殖年龄为2岁，最大的首次繁殖年龄为12岁，雌性个体平均首次繁殖年龄为5岁，已有子二代、子三代参与配对繁殖，总体来看种群结构良好呈上升趋势。皖南国家野生动物救护中心截至2020年3月20日黑麂存活个体数为7只，其中雄性个体3只、雌性个体4只。

三家动物园56个记录个体中，野外救护的个体有14只，是目前笼养黑麂种群的创建者。用软件PMxv1.0.20120115和SPARKS进行分析，结果：因种源个体数稀少，其中，有7个个体近交系数为0.25，1个个体近交系数为0.375，其余均为0。T值（Generation Report）：T-Low value=1.19，T-Average value=1.2917，T-High value=1.44。

第二节　营养繁殖

一、食性与日粮配方

黑麂野外食物包括29科43种（属）植物。食物中的植物类型包括乔木、灌木、藤本、非禾草类草本和禾草类草本五种类型；灌木是黑麂全年的主要食物，它在食物组成所占的比例为55.4%；三尖杉、光叶菝葜、矩圆叶鼠刺、南五味子和络石为黑麂四季都取食且在食物组成中所占比例较高的植物，分别为17%、16.5%。

人工饲养下供给的树叶种类根据本地适宜生长的树木种类和季节有所变化。夏秋季节主要供应构树、紫薇、水蜡树、桑树等树叶，冬春主要供应杜

英、女贞树叶，除此以外，春夏期间也穿插饲喂苎麻叶。各种树叶的喜食部分及喜食程度见表3-1。蔬果主要供应胡萝卜、苹果、红枣、少量梨，夏季添加西瓜。人工饲养下日粮配方见表3-2。

对于哺乳期个体，根据情况添加树叶、蔬果，以及每天每只总量不超过100g的麸皮、豆粉等饲料，为其补充蛋白质和能量。

表3-1　黑麂食物圈养条件下的青绿饲料

植物名称	食用部分	喜食程度
杜英	叶、嫩皮	++
构树	叶、嫩皮	+++
冬青	叶、嫩皮	++
苎麻	叶、茎	+++
桑叶	叶、嫩皮	+++
水蜡树	叶	++
蒲公英	叶、茎	+++
黑麦草	叶、茎	++
麻栎	叶	+
羊草	叶、茎	+
刺槐	叶	++
榆树	叶	++

表3-2　人工饲养日粮配方

饲料种类	夏季用量（kg）	冬季用量（kg）
瓜果	苹果 0.05 西瓜 0.2 黄瓜 0.1 胡萝卜 0.1	苹果 0.05 胡萝卜 0.3
配方饲料	食草颗粒 0.2	食草颗粒 0.3
草、树叶	树叶 0.7	树叶 0.7

二、圈养黑麂繁殖生态

（一）发情和交配

发情于9月份最为集中，5月和11月次之，除2月份未观察到发情象外，零星见于其他各月。雄性发情后，精神较为亢奋，呼叫声频率增高，眶下窝扩大，雄性黑麂常仰头嗅闻空气，并露粗壮的獠牙，喜追逐并贴近雌性，还会用吻端拱起正在卧地休息的雌性黑麂，舌舔皮毛，对雌性阴部进行连续嗅闻，辨别气息，闻后有时出现抬头卷唇露牙形为，不时地提起前肢，试图爬跨雌性黑麂进行交配。雌性发情持续期4～7天，前1～3天能与雄性互动，允许雄性对其贴近和舔毛，但不允许交配，之后雌性则主动接近雄性，表现为尿频、尾平举或上翘，时而在围网内撒蹄蹦跳等，将臀部对向求偶者，接受交配。交配行为在白天和晨昏均可完成。交配怀孕后的雌性，即发情停止，拒绝爬跨交配。

母幼未及时分笼，将会延迟雌性黑麂的再次发情。

（二）怀孕

怀孕期7～8个月，孕后食欲渐增，有少数出现食欲短时下降后再上升的情况，精神状态趋向稳定，对外反应较温和。孕后饲料营养水平要相应提高，青贮饲料及多汁饲料要充分供给，精饲料的粗蛋白含量应18%以上，适量补充钙粉，要注意饲料结构的多样化，禁止饲给变质饲料，保证饲水清洁无污染。孕间安放大小适宜的巢箱或巢穴，供其躲藏和休息，保持环境安静，严禁干扰惊吓预防流产。孕至3个月时，可见腹围增大、行动拘谨，采食后常在固定地方安静反刍。

（三）分娩

腹围的彭大部下移，大便颗粒变小，大便频率增高，躺卧时乳房膨胀明显，走路小心谨慎等，这些现象的出现，说明临近分娩，此时要务必检查产前准备工作是否到位；至临近分娩前，常会出现食欲下降、心情不宁、不时地排尿和排便，但量少；在圈内无规律行走，时常平举尾巴，不停回视腹部，鼻孔张闭频繁；阴门肿大外突迹象明显，有稀薄黏液从阴门流出，经多次有节律性的反复努责，胎儿从阴门产出，每胎一仔。刚产下黑麂幼崽，重量在2400～2800g，产出时，四肢松驰柔软无力，趴在地面，母黑麂迅速地将幼崽头部的胎膜舔破，然后对其全身的体表进行舔拭，使体毛干燥自然松开。黑麂幼崽在分娩后约30min开始起立寻找乳头进行吮吸，母性好的母黑麂会协助黑

麂幼崽找到奶头进行哺乳。初生的黑麂，体色呈黄褐色，背部有纵向的棕白色斑点，其棕白色斑点在身体两侧同时有灵散分布，如同梅花斑。

（四）哺乳期

观察产下不久的黑麂幼崽的哺乳情况，通常，黑麂幼崽在相对隐蔽的地方休息，呼吸平稳，不发出声音。此时说明其吃上了初乳而且数量足够；若出现黑麂幼崽不停地发出“yi-yi”叫声，预示着母黑麂无乳汁或乳汁不足，需尽快查找原因。若发生母黑麂存在无乳汁及少乳的现象，除了改善母黑麂身体状况外，应尽快开展人工哺乳或代养代哺的工作。产后应满足母黑麂清洁饮水和嫩枝鲜叶的供应，产后前三天精料宜减量不增、分上下午投放；三天后精料逐渐增加至满足需要，按正常量供给，饲料中需补充矿物质，必要时临时补充B族维生素等。注意观察母黑麂产后阴门清洁程度，若流出污秽液体并挂带着胎衣，应及时消炎处理。用药选择应尽量避免对哺乳有副作用的药物。全哺乳阶段，正常黑麂幼崽发育较快，产后第二天便能自如地跟随母黑麂活动，半月龄能少量采食嫩叶；一月龄时可达7公斤左右；三月龄个体能达成年动物的2/3；满三月龄时，对供应给黑麂的各种饲料均能采食自如，可以独立生活；八月龄时大小几与成兽相同。

（五）幼年黑麂的隔离

通常黑麂满三月龄可断奶隔离饲养，这个时期至成年之间称为幼年黑麂。刚隔离的幼年黑麂有恋母期，3～7天，呼叫不安、精神时亢奋时沉郁、食欲不振，过后基本逐步安静下来。此时应做到笼舍地面和笼周无硬锐突出物品，以免伤着脚和头。地面以软性为好，可以保护四蹄安全；确保四周安静，暂不要引进其他新动物，陌生人应禁止进入相应区域；在幼年黑麂入笼之前做到场地清洁卫生，笼舍安全可靠，以杜绝逃逸和伤亡。幼年黑麂发育期需要优质饲料的供给，满足鲜枝嫩叶、果蔬、牧草以及营养价值较高的精饲料。慎喂未切短的藤状植物、豆科植物等，以免引起消化道堵塞或胀气。由于幼小动物骨骼发育对钙的需要量较大，宜在确保有阳光浴的基础上，需常添加钙粉及鱼肝油，或VD钙合剂。对出现缺钙现象，应尽快肌肉注射补钙制剂。幼年黑麂至一岁左右性成熟。

第三节　展区设计

一、圈养黑麂活动节律

黑麂在野外，夏季喜在阴坡或山沟水源处活动，冬季喜到阳坡活动。在陡坡有固定的活动路线，常踩踏出6～20cm宽的小道，但在非陡坡区域则无固定行走路线。多于晨昏雌雄一起活动。

在动物园人工饲养环境中，上午打扫完笼舍卫生后，10点左右先饲喂瓜果蔬菜和树叶，下午3点左右饲喂配方颗粒饲料。由于在人工笼舍内活动范围大幅度减少，黑麂的各种行为也会发生很大变化。

二、圈养状态下饲养环境

动物园饲养黑麂在设计笼舍时应考虑黑麂的自然特性，结合当地动物园实际情况，因地制宜的进行规划设计。以杭州动物园为例进行说明。

（一）笼舍结构

黑麂笼舍有大小不等的两间，下部水泥砖砌、上部金属网格的隔离墙分隔开，能较好的保证笼舍通风。大间笼舍长宽约为17m×6m，其中有平行于宽边的带门隔离墙，将笼舍分成4m×6m和13m×6m的内外两部分。一般情况下隔离门打开，黑麂可自由进出。内部有3m×6m的棚，可用于遮阳避雨，外部露天。大间中饲养一雄两雌三只黑麂。小间笼舍长宽约为12m×7m。笼舍地面有一定高度落差，落差高度在两m以上，约1/3的地面是较陡的土坡，其余为平坦地面。小间中饲养一雄一雌两只黑麂。

（二）展示型丰容

展示型丰容是指将丰容引入到展示设计当中，其中最需要考虑的是物种的特征和个性。黑麂是典型亚热带森林动物，在对其野外栖息地生态适宜性研究中，一般从植被因子、地形因素、水源距离和人类干扰四方面进行综合评估。在圈养条件下，同时需要考虑展区内设施是否经的住动物的破坏和风吹雨打，是否易于消毒及更换。笼舍地面均为自然泥土地，种有竹子、青草、树木等，部分地面铺有枯枝落叶。周边植被丰富，且有较多高大乔木，夏季树冠浓密，可遮阴避暑，冬季落叶，可阳光直射。地面植物主要起到保持水土、提供遮蔽场所的作用。为防止黑麂对绿化植物造成毁灭性破坏，需在植物周边设置

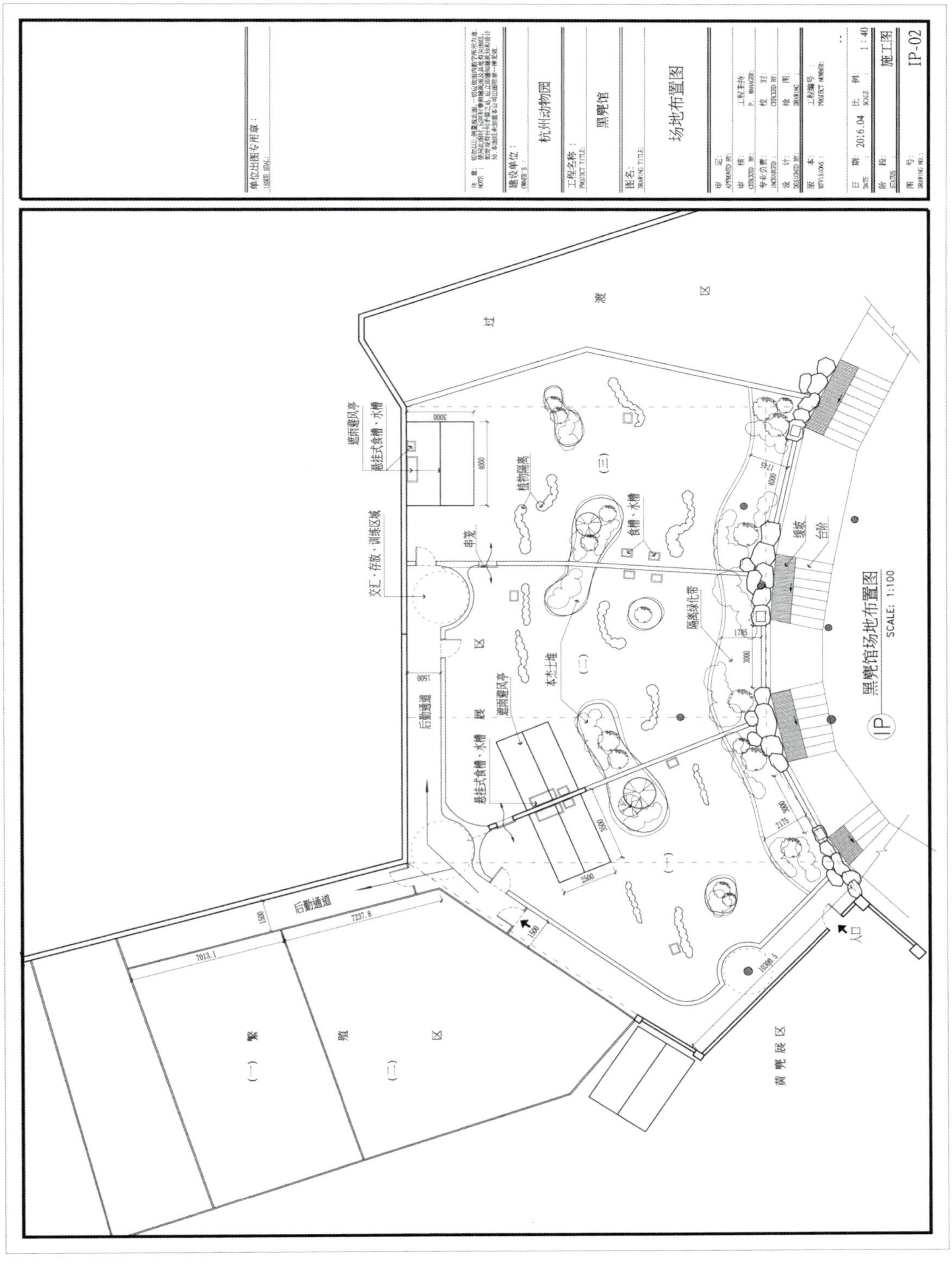

杭州动物园黑鹿笼舍平面图

隔离物。主要采用竹片作为隔离物的主体框架，围绕在中层植物聚集区和乔木的周围，在竹片骨架的空隙中插入细竹枝作为填充。既不妨碍植物生长，也保护了绿化效果，生长到隔离外的枝叶还可供黑麂采食。针对鹿科动物胆小易受惊的情况，需要重点考虑给动物提供一些可躲避的场所，而不是全方位暴露在公众的视线下，因此在黑麂笼舍内设置视觉屏障是非常有必要的。杭州动物园提供了一些树洞、植被，或制作“本杰士堆”等产生视觉屏障，让动物在感到害怕或不愿见人时能够藏身躲避，让动物在休息时有安全感，不会长时间处于恐惧状态，同时也可以给黑麂遮阳避雨。

（三）水源管理

所有的笼舍必须配备水源。在笼舍内结合动物的栖息地，营造一个水源地，而不是简单的在地上放置一个水盆。

（四）光照通风

最好的光照是自然光直接照射，中间没有玻璃阻隔，第二选择是在笼舍屋顶采用阳光板。兽舍内适宜采用自然通风，良好的通风设计不仅有利于动物的健康，也有利于展区内植物的生长。对于有内室的兽舍，尤其需要注意内休息室的采光和通风。

（五）感官丰容

感官丰容即对圈养动物提供视觉、味觉、嗅觉、听觉顶感官方面的刺激，无论这些刺激是来自天敌或者同类，都会对动物产生效果，使动物能够保持对周围环境的敏感。在对黑麂提供天敌的粪便、声音等刺激，需要注意不可长时间让动物处于紧张状态，避免过度应激反应。可提供异性或栖息地内其余动物的分泌物或带有特殊气味的植物等，作为嗅觉刺激来保持动物的活力。也可以尝试通过播放野外黑麂叫声或原栖息地其他动物，如鸟类、昆虫的叫声等来提供听觉刺激，或让动物远离游客与周围环境的嘈杂，保持良好的心情。

（六）食物丰容

食物丰容是圈养条件下最适用，也是最有成效的一种丰容手段。在野生环境中，动物需要花费很长的时间用于寻找、处理以及消化食物。

在圈养环境中，动物花在取食上的时间和消耗能量很低。因为食物都是经过人为处理的，并且供应食物的时间和地点都是固定的。同时由于食谱过于单一，会导致动物厌食等情况的出现。常用的食物丰容手段有两种，分别为食物类型多样性和投喂方式多样性。黑麂作为草叶混食类动物，通过野外观察主要以采食常绿嫩树叶和草本植物为主。在圈养条件下，提供的植物性饲料选择有限，可通过季节性调整提供不同类型的新鲜树叶，或提供一些平时不常供应的草本类野生当季植物，提高动物对食物的新鲜感，刺激食欲。新食物引进时需要经过兽医、饲养主管等人员的共同审核批准，以此保证食物安全。

（七）投喂方式多样性

采用不同的食物提供方式可以有效引起动物的采食兴趣。根据黑麂的食性，可模拟野外动物采食习惯，将树叶捆紧悬挂，在笼舍内各个位置设置悬挂点，每日更改悬挂位置和悬挂高度，增加对动物的刺激。也可尝试制作各式取食器，增加其采食的难度，延长进食时间。取食器可采用轮换变更位置的方式进行设置或定期更改悬挂位置，放置的食物也可有计划地进行调整，结合各种手段避免动物对食物丧失兴趣，避免过易获取食物，起到持续刺激其觅食行为的目的。需要注意的是，取食器的数量需要尽量大于笼舍中动物的数量，保证每个动物都能利用取食器采食食物，避免争斗事件发生。

（八）社群丰容

黑麂生性胆小，在野外多单独或成对活动，圈养条件下需依据野外特征进行社群性丰容。社群丰容主要包括动物间的社会性丰容和行为两部分。在圈养条件下，需要为动物提供合理的社会交流环境，这对保持动物之间的交流能力、动物的交配繁殖能力以及建立动物与饲养员之间的信任关系都是十分重要的。

（九）社会性丰容

尽量避免单独饲养一只黑麂，因为种群互动对动物心理健康至关重要。自然环境中的动物活动包括种内的交流、觅食、繁育后代等行为。在社会性丰容中，要注意不同动物之间的相容问题，如雄性间的争斗行为等，可通过观察动物间的隔网交流情况及日常反应来判断是否进行合笼饲养。同时，在完成合笼后，要进一步观察，通过动物的行为、表情等表观情况来判断是否需要隔离，避免动物因打斗引发伤亡。同时，要对新引进动物做好检验检疫工作，避免新的疾病在原有群体里传播。

三、安全检查

在开展任何丰容活动时，应充分认识到安全操作规程的重要性。在展区开始丰容工作之前，首先需要弄清楚有可能发生的安全问题。虽然我们无法预知所有情况，但通过周密计划可避免许多危险情况。在行为管理开展前，我们可以自我审查一遍，包括以下：

动物可能被缠住或勒住吗？笼舍中可能被吞食的物品会对动物造成伤害吗？ 区域内的弱势动物可能被逼至角落或受到伤害吗？有弱势动物可用的身体和视觉屏障吗？视觉屏障物件足够坚固，而不会被撕成碎片危及动物吗？黑麂主要以树叶为食，因此了解当地树木哪些是可被食用的非常重要。同时，作为饲料的树木还要定期做农药检测，确保饲料的安全性；检查饲料植物是否被野生动物的排泄物污染，防止黑麂感染疾病的风险。对用作笼舍设施的树枝或圆木进行必要的消毒，也能降低交叉污染的风险。

第四节　行为管理

人工圈养动物由于饲养面积不足，饲养环境单一等原因，野生动物在圈养条件下常常出现一些非期望行为，甚至刻板行为，常见的有来回踱步、发呆，甚至自残等。动物行为管理是一种有效管理动物行为的方法，减少非期望行为发生，提高圈养野生动物生活质量的技术性工作。一般情况下，动物行为管理被认为是一种动态的工作程序，即通过构建和改变动物的生活环境，允许动物表现出正常的行为和为动物提供更多的选择机会，达到最佳展示效果，使动物、游客和管理人员三方受益。

动物行为管理可以通过人为技术手段增加期望行为的发生频率，保证动物心理和生理的健康；同时通过动物正常行为的表现增加游客对野生动物的了解，起到正向教育意义。通过饲养人员持续不断的工作，使动物表现出更符合其野外状态的正常行为，提高展示效果，吸引并教育更多的游客保护野生动物及其生活的自然环境。

在动物行为管理中，首先必须明确当次管理的目标，即需要改变动物的某一种特定行为。目标的确定需要使用动物行为观察法，把观察所得的动物全部行为按行为分类系统列成动物行为谱，采用瞬时扫描法记录动物行为，得出所有行为的发生频率。以改变某一项行为的发生频率作为当次动物行为管理的

目标，并将目标设定为明确的数值作为最终行为管理考核成败的指标。

明确当次行为管理的目标后，一般利用展示型丰容、食物丰容、社群丰容等多种技术手段进行行为管理方案设计。形成方案初稿后会同主管兽医，饲养主管等相关部门人员对方案从安全性、可操作性、完整性等多方面进行完善。

动物行为管理需要通过日常行为观察发现动物在行为上存在的问题，经过多方位的讨论分析，再通过笼舍丰容或行为训练等技术手段进行日常管理，同时观察动物行为的变化情况，并根据动物行为反馈适当调整管理方法，最终达到预期目的。以圈养黑麂行为管理中的行为训练为例。

圈养动物行为训练就是教导动物学习如何在人工环境中生活，与人类建立关系，或是进行野化训练，让它们重返自然。通过对动物的心智刺激、体能锻炼和强化合作行为，增加动物期望行为的发生频率，也能让保育员与动物建立良好的信任关系。行为训练是全世界动物园公认最有效的行为管理方法，也是提高动物福利的有效手段，不同于传统的动物驯化，通过正向强化的方式来鼓励动物做出保育员期望的行为，即采用操作性条件发射，当动物做对了的时候，给予桥接信号（如响板），然后给予强化物予以强化。开展行为训练的保育员需要掌握动物生物学知识和心理学知识。

黑麂的训练（详见表3-2），首先是对人和相关物件刺激的脱敏，然后是定位，最后是强化需要的行为。一只训练好的黑麂，可以在保育员的指令下进行串笼、打针、抽血等工作，避免了此类工作开展时产生的应激反应，减少动物的伤害甚至死亡。

表3-2　黑麂训练计划表

展馆：　　　　　　　　　　物种：　　　　　　　　　　文件编号：

最后完成动作的描述　（目标行为需要有量化方式）		
训练员向动物发出口令“来”，动物将停留在指定位置，保持与训练员有目光接触，并对训练员的其他行为不作出任何反应，训练员用手固定黑麂后肢，用针进行静脉采血，直到训练员发出桥接信号，此行为才结束，时间不少于60s。		
验收	饲养主管：（签名、时间）	部门领导：（签名，时间）

动物名称： 黑麂	Risk level	行为： 后肢采血	□ 新建立 □ 已在做
训练员：（签名）	开始日期： 达标日期：		

批准部门	（由饲养主管签名、日期）	（由动管部经理签名、日期）

训练步骤构思

Step1　建立桥接

训练员进入场地后，在地上放下垫子，并在上面放上一块窝窝头或香蕉片，退开几步观察其反应。在它前来取食时，在它接触到食物前先按下响板，个体离开后再在垫子上放上窝窝头，在其取食前按响板。等到训练员在垫子上放食物后，动物会快速前来取食，而训练员不需退开，动物也不会回避，且停留在训练员附近。同类训练连续操作不少于10次进入下一步骤。

Step2　训练员面前停留

完成经上步骤后，动物在训练员边上等待，且状态放松时，训练员按下响板并将食物放在垫子上，个体前来取食，并会在吃完后在原地等待。同类训练连续操作不少于10次进入下一步骤。

（续表）

Step3 手喂食并对动物身体进行接触

完成以上步骤后，训练员在动物放松状态下，直接将食物放在手心递到它面前让其进食，如果平稳进食则按响板进行强化，并尝试触摸动物身体及后肢，动物仍然不回避，给响板并给食物。同类训练连续操作不少于10次进入下一步骤。

Step4 延长取食时间

完成以上步骤后，训练员饲喂食物后，慢慢延长给食时间，动物站在原地等待，用手握紧一条后肢，用无针注射器轻刺后肢静脉处，动物呈放松的状态即按响板强化。此训练对个体连续操作10次，达标后可进入下一步骤。

Step5 黑麂抽血训练行为成立

完成以上步骤后，训练员开始换钝头的注射器进行训练，并尝试用止血带绑紧后肢，动物放松不回避即给响板强化，脱敏后用改用尖头注射器进行采血操作，并能保持 60s 不动。此训练对个体连续操作 10 次，黑麂采血训练完成。

训练时间：上午10点至10点30分　　下午3点至3点30分

训练步骤构思

第一训练目标：抽血

第二训练目标：抽血行为成立后进行测量体温行为训练

第三训练目标：全身触诊，听诊训练

备注（可根据需要填写）

（续表）

桥接肯定	□口哨　□响板　□ 其它 （　　　　　　）	
一级强化物	胡萝卜 、苹果	
二级强化物	响板	
区别刺激		
口令： “来”	手令： 手指指向定位点	相片
其他工具		
目标物	简介与用途	相片
助手数目		
其它数据		
进度纪录　*七天内记录不少于一次		

第五节 消毒免疫

一、笼舍环境消毒

黑麂笼舍环境消毒是通过物理或化学方法杀灭环境中的有害微生物，减少疾病传播，保障动物健康。环境消毒是疾病预防非常重要的工作之一，环境消毒的好坏决定动物发病率的高低。

黑麂笼舍分内室和运动场。内室主要是水泥地面；外运动场主要是生态化场所，模拟黑麂自然生长环境，主要是泥土地面。环境消毒按目的划分，主要分为预防消毒、临时消毒和终末消毒；按方法划分，主要分为物理消毒和化学消毒。

（一）预防消毒

预防消毒是日常饲养管理和疾病预防的重要措施。消毒范围包括：内舍包括巢箱、垫板、地面、墙面；运动场包括泥地、栖架；用具包括食槽、水槽、扫帚、簸箕、食物丰容工具等；出入口为进出黑麂笼舍的主通道出入口。

预防消毒的方法主要以化学消毒为主，化学药品主要有“百毒杀”“过氧乙酸”“百威”“漂白粉”“施康”等，不同化学药品需交叉使用，防止长期使用同一种化学药品而使有害微生物产生抗毒性从而降低消毒效果。消

毒要求如下：

表3-3　黑麂笼舍消毒计划表

季节	内舍	运动场	用具	出入口
冬、夏（1、2、7、8、12月份）	1次/月	1次/隔月	1次/周	1次/日
春、秋（3～6、9～11月份）	2次/月	1次/月	2次/周	1次/日

（二）临时消毒

临时消毒包括但不限于以下情况：

（1）动物结构调整时，需要把黑麂转移到新笼舍饲养时，要对新笼舍先进行消毒。

（2）发生寄生虫感染时，对黑麂进行寄生虫驱虫治疗后要对内舍和运动场进行全面消毒。

（3）运输笼的消毒，当黑麂发生转移需要用到运输笼运输时，应对运输笼先进行消毒，再进行串笼。

（4）动物感染疾病治疗时期，每次对黑麂感染性疾病治疗结束后要进行设施设备及治疗场地的消毒。

（5）同一笼舍内有黑麂发生死亡时，不论任何原因死亡，都应该对该笼舍和周边黑麂笼舍进行全面消毒。

（6）传染病紧急消毒，当黑麂有传染病或可疑传染病，邻近动物有重大传染病发生时，应紧急对黑麂各笼舍进行全面彻底的消毒。

（三）终末消毒

指当笼舍内黑麂全部转移掉，或者该笼舍内最后一只黑麂死亡，对该空笼舍内所有物品进行彻底消毒，以及对剖检场地的消毒。

（四）消毒注意事项

（1）使用漂白粉、“百威”、过氧乙酸等消毒药品时，请使用防护手套。这些高浓度消毒原液需要进行一定比例的稀释才能使用，在配比过程中注意避免对工作人员的皮肤造成伤害，因此，要做好防护。

（2）进行消毒工作时，最好能对动物进行隔离，如果动物不能暂时转移开，在喷洒消毒药水时要避开动物，而且动作要轻缓，黑麂容易受惊吓而乱窜乱跳。

（3）消毒药品按使用说明书为准，药物作用时间保持在20～30min。内室水泥地面可以在20～30min后冲洗掉多余的消毒药水，生态化运动场可以不用冲洗，但是丰容设施设备需要冲洗。

（4）任何消毒之前都必须做好清洁工作。

二、免疫

黑麂属于偶蹄目动物，依据国家对偶蹄目动物的特定疫病需要进行强制免疫，涉及黑麂的疫病主要是口蹄疫和布鲁氏菌病。作者通过对全国动物园黑麂的初步调查中，未发现有这两种人畜共患传染病的发生，而且也没有资料可以查询到现有疫苗对黑麂是否能达到免疫效果，需要进一步的研究；动物园作为相对封闭的饲养场所，最大程度降低了动物被传染的风险。因此，建议黑麂暂时不需要进行免疫，平时应加强环境卫生和消毒即可。

第六节　保定运输

野外救护黑麂以及动物园之间进行合作繁殖或动物交流时，均需要对黑麂进行运输。食草动物在捕捉和串笼过程中均可能出现很大的应激反应，对动物的健康带来很大损害，甚至造成死亡。黑麂的运输笼箱应用3cm×3cm的角铁做框架，框架长宽高分别为105cm×40cm×80cm，采用1.5cm厚的木工板做面板，两侧横向钻四排每排4个直径为0.5cm的小孔，两侧均采用插门设计，门板竖向钻两排小孔每排4个直径为0.5cm。如果采用航空运输，需用白铁皮在笼底部制作且不漏水托盘，以防尿液渗漏到机仓内。黑麂运输过程中需对其进行保定，保定一般采用物理保定和化学保定两种。

一、物理保定

一般3～4人用手工的方式使用网兜等工具对黑麂进行围堵，网住后徒手抓住两后肢，提起放进运输笼内。人工抓捕的方式黑麂的应激反应最大，对黑麂的健康损害也最大。如能提前训练黑麂进出运输笼或用食物引诱进入运输笼，是比较好的串笼方式。

二、化学保定

陆眠宁，为赛拉嗪的盐酸盐，其有效成分赛拉嗪，是一种α_2肾上腺素受体激动剂，具有镇静、镇痛和中枢性肌肉松弛作用。其作用机理是通过与中枢神

经系统突触前膜的受体结合，并激发突触前膜的抑制性自身受体，从而抑制去甲肾上腺素的释放，起到镇静、镇痛和中枢性肌松作用。

盐酸氯丙嗪，为吩噻嗪类镇静安定药，为中枢多巴胺受体的阻断剂，对中枢神经系统具有镇静安定、镇呕、降温，加强中枢抑制药的作用。该药物很少单独用于动物麻醉，多将其与麻醉剂、分离麻醉剂、麻醉性镇痛剂、吸入麻醉剂复合应用，以减少用药剂量，增强麻醉效果，减少毒副作用，扩大安全范围。

盐酸氯胺酮，为苯环己哌啶类药，分离麻醉剂，适用于全身麻醉，属于短效麻醉剂，作用持续时间较短，副作用包括抽搐、肌紧张、流涎、呼吸抑制，与镇静剂如盐酸赛拉嗪合用可以缓解。

一般有两种方案对黑鹿进行化学保定。一种方案为盐酸赛拉嗪10～15mg/kg和盐酸氯丙嗪1.2～1.8mg/kg复合深部肌肉注射，拮抗剂为盐酸苯噁唑，起效时间为15～30min，使用拮抗剂后苏醒时间为30min左右，低剂量达到镇静效果，可以进行捕捉、串笼、保定、运输等工作，高剂量达到肌松效果，可以进行采血、B超等健康体检以及需要静脉输液甚至小型手术等疾病治疗，大型手术治疗可以在化学保定后进行吸入麻醉。另一种方案为盐酸赛拉嗪2～2.5mg/kg和盐酸氯胺酮2～2.5mg/kg复合深部肌肉注射，拮抗剂为盐酸苯噁唑，起效时间为10～20min，使用拮抗剂后苏醒时间为10～30min，低剂量达到镇静效果，高剂量达到肌松效果。化学保定后用布块遮住眼睛可以加强保定效果。

三、化学保定意外处理

在化学保定过程中，黑鹿可能出现意外（如肌肉注射保定药到镇静期间过度兴奋撞伤、擦伤严重，肌肉注射过量保定药出现麻醉过深等），若出现意外情况，应立即抢救。

（1）外伤出血，局部压迫止血，必要时肌肉注射酚磺乙胺、安络血等止血药物，伤口较大时需手术缝合伤口，用碘制剂进行伤口消毒。

（2）流涎过度，肌肉注射或皮下注射阿托品0.05mg/kg，及时清理掉过多的分泌物，保持口腔位置向下，防止误吸入肺。

（3）呼吸抑制，可能保定药物剂量过大，麻醉过深，及时使用拮抗剂（与保定药1∶1～2∶1）、尼可刹米（7～10mg/kg）促进呼吸。

第四章

黑麂临床检测与疫病防治

（人工饲养篇）

第一节　粪便检测

粪便检查的目的，是为了解黑麂消化道有无炎症性疾病、出血、寄生虫感染、恶性肿瘤等情况，根据粪便性状了解其胃肠等消化道器官的功能状况，了解肠道菌群结构，协助诊断肠道传染病，黄疸鉴别诊断等。一般包括常规性检测和寄生虫普查。

（一）常规性检测

正常粪便情况，从性状、颜色上，黑麂大便成颗粒状，每颗重量在5～10g，表面呈墨绿色，色泽光亮，隐血实验为阴性，镜检基本以植物纤维为主，偶见颗粒便表面带有少量的黏液，白细胞镜检在0～2个/HP以内；在出现消化不良或者肠炎等情况时会出现软便或者稀便，镜检会有脂肪球、红白细胞等。

（二）寄生虫检测

对10多个黑麂粪便样本进行直接镜检和饱和盐水漂浮法，有时也采用麦克马斯特方法进行虫卵的计数。检测到的寄生虫有类圆线虫卵及其幼虫，鞭虫卵、球虫包囊等。详见表4-1。

表4-1　黑麂粪便寄生虫镜检报告表

10 个高倍镜视野（HPF）所见	报告方式（某种细胞数 /HPF）
视野可见细胞，但不超10个	报最低最高个数，如0～3个，2～5个
每个视野最少见到10个，但不超20个	10～20个（+）
每个视野都在20个以上	20～40个（++）
每个视野中细胞满视野，难以计数	满视野（+++～++++）

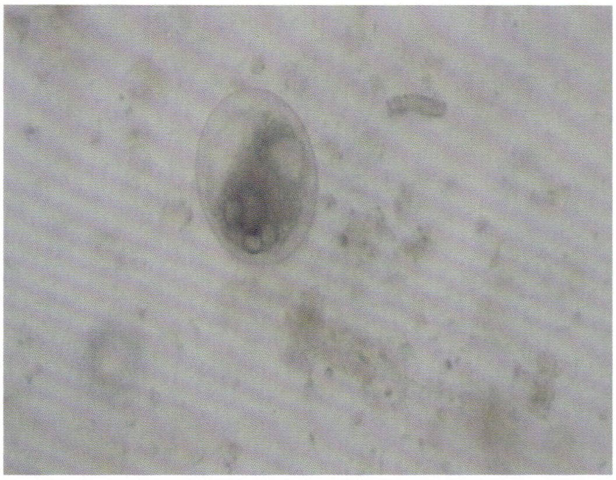

阿m巴包囊400*

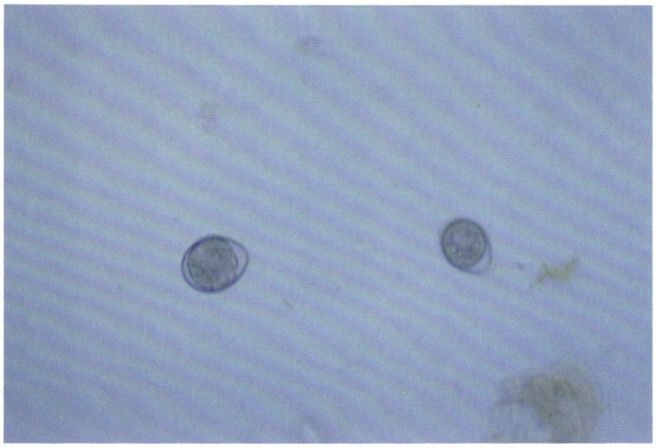

球虫包囊400*

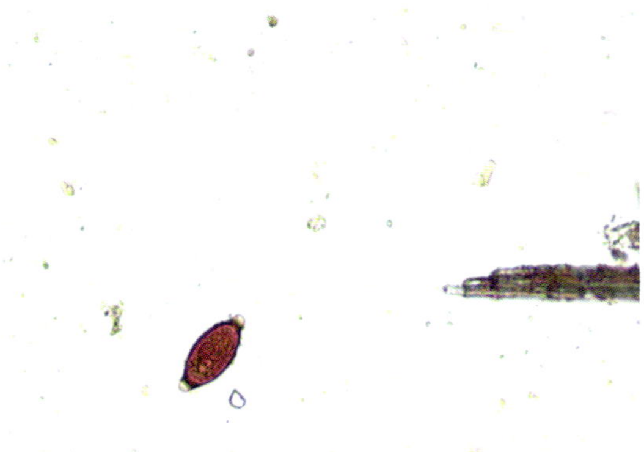

鞭虫卵100*

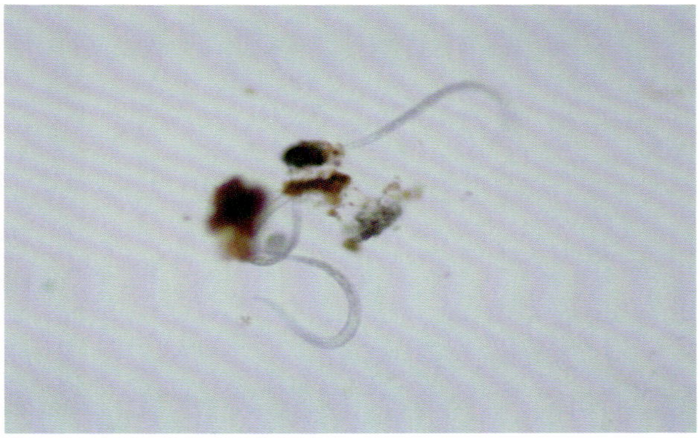

类圆线虫幼虫100*

黑鹿粪便常见寄生虫

第二节　尿液检测

尿液检测目的是对泌尿系统疾病、肝胆疾病、糖尿病等疾病进行辅助诊断与疗效观察，同时对安全用药进行监护，以及评估黑鹿健康状态，体检时进行采样检测。

一般包括理化性质和化学分析两方面，理化性质检测包括黑鹿尿液的颜色、透明度和显微镜下有形成份的情况，化学分析有pH值、尿糖、维生素C、尿隐血、尿蛋白、尿胆红素、尿胆原、尿酮体等。取样时避开黑鹿粪便和饲料，量一般在5～10mL，采用灭菌注射器进行抽取。

黑麂尿液理化性质检测。黑麂尿液颜色有黄色、淡黄色、褐色，正常情况下不浑浊，清亮。有形成份检测采用直接镜检或离心沉淀镜检。

沉淀镜检法，将尿液以离心力400g离心5min。待离心停止后，取出离心管，弃去上层清液，留下约0.2mL沉渣，轻摇离心管，使尿沉渣中有形成分充分混匀。取尿沉渣滴在载玻片上。尿沉渣镜检观察，用10×10镜头，观察其中有形成分的全貌及管型。用10×40镜头观察鉴定细胞成分和计算数量，应观察10个视野所见最低和最高值，记录结果。管型用高倍镜鉴定，但计数数量用低倍镜观察20个视野，算出一个视野的平均值，记录结果。镜检结果报告方式见粪便报告方式。因采样是在地面，镜检会有少量纤维性杂质，有时会出现结晶和少量的白细胞。公的黑麂在发情季节有时会镜检到精子。

黑麂化学分析是采用干化学法，检测仪器为优利特URIT-200B尿液分析仪进行检测，共有11项检测项目，具体结果除见表4-2：

表4-2　黑麂尿液检测报告表

项目	原理	黑麂正常生物参考区间	备注
酸碱度（pH）	双指示系统	7.5～8.5	/
蛋白质（mg/L）	指示剂蛋白质误差	阴性	/

（续表）

项目	原理	黑麂正常生物参考区间	备注
葡萄糖（mg/L）	葡萄糖氧化酶—过氧化物酶偶联酶反应	阴性	地面有含次氯酸或氯时会出现假阳性
维生素C（mg/L）	V C还原试带染料	阴性	使用维生素C时会出现假阳性
亚硝酸盐（mg/L）	偶氮耦合反应	阴性	尿液一定要新鲜
隐血（mg/L）	血红素的类过氧化物酶活性	阴性	/
比重	尿液中离子溶质引起多聚电解质释放质子	1.010～1.020	/
胆红素（mg/L）	偶氮耦合反应	阴性	/
尿胆原（mg/L）	偶氮反应或改良Ehrlich反应	阴性	/
酮体（mg/L）	亚硝基铁氰化钠反应	阴性	/
白细胞（个/ul）	偶氮耦合反应	阴性	要镜检，地面杂质会产生假阳性

第三节　血液检测

血液常规检测

对圈养的8只黑麂进行化学药物保定后，抽血1mL左右，注入常规检测管（内加有EDTA钾盐抗凝剂）中，轻轻摇晃。检测仪器为BC-2800VET全自动动物血球分析仪，采用绵羊通道，共10项，包括白细胞数量（WBC）、红细胞数量（RBC）、血红蛋白含量（HGB）、平均红细胞血红蛋白浓度（MCHC）、平均红细胞血红蛋白（MCH）、平均红细胞体积（MCV）、红细胞分布宽度（RDW）、红细胞压积（HCT）、血小板（PLT）、血小板压积（PCT），中性粒细胞比例（Gran）、淋巴细胞比例（Lymph）和中间细胞比例（Mid）通过血涂片手工分类进行测定，具体见表4-3。

表4-3　黑麂血液常规生理指标测定值（n=8）

测定项目 Item	X±SD n=(4♂+4♀)	变化范围 Range	X±SD(♀) n=4	变化范围 Range	X±SD(♂) n=4	变化范围 Range	测定方法 Method
WBC（109/L）	3.20±0.58	2.30~4.60	2.9±0.35	2.30~3.40	3.50±0.75	2.30~4.60	电阻抗法
Gran（%）	70.60±3.20	65.90~78.10	71.25±2.00	68.50~75.00	69.95±4.08	65.90~78.10	瑞士吉姆萨染色
Lymph（%）	27.38±4.73	18.70~42.20	25.18±2.59	20.00~28.80	29.58±6.31	18.70~42.20	瑞士吉姆萨染色
Mid（%）	3.28±1.04	1.50~5.30	3.58±0.78	2.70~5.00	2.98±1.28	1.50~5.30	瑞士吉姆萨染色
RBC（1012/L）	11.70±3.11	6.26~15.83	13.09±2.07	8.95~15.83	10.30±3.46	6.26~15.21	电阻抗法
HGB（g/L）	159±19.19	121~179	168.5±9.00	151~179	150±25.00	121~178	电阻抗法
MCHC（g/L）	333±28.66	286~383	326±16.13	303~358	340±37.50	286~383	电阻抗法
MCH（pg）	12.14±1.87	8.60~17.30	11.40±0.65	10.80~17.30	12.88±2.72	8.60~17.30	电阻抗法
MCV（fl）	35.19±1.54	30.30~37.50	35.30±0.75	34.30~36.20	35.08±2.39	30.30~37.50	电阻抗法
RDW（%）	17.44±1.90	12.50~19.60	18.37±0.98	17.10~19.60	16.50±2.70	12.50~19.40	电阻抗法
HCT	0.47±0.10	0.26~0.56	0.52±0.03	0.47~0.56	0.41±0.14	0.26~0.56	电阻抗法
PLT（109/L）	360±107.84	138~557	384±143.25	138~557	335±71.00	200~456	电阻抗法
PCT	0.150±0.03	0.084~0.200	0.150±0.04	0.084~0.200	0.141±0.09	0.130~0.159	电阻抗法

血清生化指标检测

对圈养的8只黑麂进行化学药物保定后，采血3～4mL，不进行抗凝，分离出血清后采用日立全自动生化分析仪（型号7600）进行测定。共分析33项指标，分别为：丙氨酸氨基转移含量（ALT）、天冬氨酸氨基转移酶含量（AST）、α-谷氨酰转移酶含量（GGT）、碱性磷酸酶含量（ALP）、总蛋白含量（TP）、白蛋白含量（ALB）、总胆红素含量（TBIL）、直接胆红素含量

（DBIL）、间接胆红素含量（IBIL）、尿素含量（BUN）、肌苷含量（Cr）、尿酸含量（UA）、果糖胺含量（GSP）、葡萄糖含量（GLU）、钙离子浓度（Ca^{2+}）、磷离子浓度（Pi）、镁离子浓度（Mg^{2+}）、甘油三脂含量（TG）、总胆固醇含量（TC）、载脂蛋白A1含量（ApoA1）、载脂蛋白B含量（ApoB）、高密度脂蛋白胆固醇含量（HDLC）、低密度脂蛋白胆固醇含量（LDLC）、脂蛋白（a）含量（LP-a）、肌酸激酶含量（CK）、肌酸激酶的同工酶含量（CKMB）、CKMB/CK、a-羟丁酸脱氢酶含量（HBDL）、乳酸脱氢酶含量（LDH）、甘氨酰脯酸氨基肽含量（GPDA）、淀粉酶含量（AMY）、钾离子浓度（K^{+}）、钠离子浓度（Na^{+}）和氯离子浓度（Cl^{-}），结果见表4-4。

表4-4　黑麂血液生化生理指标测定值（n=8）

测定项目 Item	均值 ±SD n=9（4♂+4♀）	变化范围 Range	均值 ±SD n（♀）=4	变化范围 Range	均值 ±SD n（♂）=4	变化范围 Range	测定方法 Method
ALT（U/L）	29.75±8.63	17~60	22±3.75	17~29	37±11.38	26~60	速率法
AST（U/L）	149±31.75	106~207	128±16.62	106~162	169±36.75	132~207	速率法
GGT（U/L）	107±26.50	60~158	94±24.75	60~137	120±23.75	84~158	硝基苯胺法
ALP（U/L）	97±29.75	60~162	77±19.38	60~116	117±26.25	76~162	丙醇法
TP（g/L）	64.79±6.01	51.8~73.7	61.82±5.01	51.8~70.4	67.8±4.78	58.2~73.7	双缩脲法
ALB（g/L）	29.66±5.97	19.2~38.1	27.75±5.70	19.2~34.4	31.6±5.29	21.0~38.1	BCC比色法
TBIL（μmol/L）	7.68±1.45	4.80~10.80	6.78±1.51	4.80~9.80	8.57±1.11	7.60~10.80	终点法
DBIL（μmol/L）	2.48±0.63	1.10~3.90	1.85±0.40	1.10~2.30	3.10±0.55	2.50~3.90	终点法
IBIL（μmol/L）	5.20±1.63	3.00~8.70	4.93±1.89	3.00~8.70	5.47±1.36	4.20~8.20	
BUN（mmol/L）	10.34±1.33	6.52~12.24	11.26±0.70	10.30~12.24	9.41±1.72	6.52~11.49	谷氨酸脱氢酶法
Cr（μmol/L）	95±29.38	7~142	109.5±9.50	98~120	81±44.50	7~142	苦味酸法
UA（μmol/L）	9.50±13.00	0~53	13.50±19.75	0~53	5.50±6.25	1~18	尿酸酶过氧化酶法
GSP（mmol/L）	2.65±0.57	1.80~4.10	2.66±0.72	2.03~4.10	2.64±0.42	1.80~3.15	终点法
GLU（mmol/L）	5.86±2.96	1.56~10.00	7.14±2.59	2.51~10.00	4.58±2.98	1.56~7.85	己糖激酶法
Ca^{2+}（mmol/L）	2.17±0.12	2.00~2.55	2.12±0.09	2.00~2.28	2.23±0.16	2.03~2.55	偶氮胂III法
Pi（mmol/L）	1.93±0.07	1.79~2.16	1.89±0.05	1.79~1.95	1.96±0.10	1.90~2.16	钼蓝法

测定项目 Item	均值 ±SD n=9（4♂+4♀）	变化范围 Range	均值 ±SD n（♀）=4	变化范围 Range	均值 ±SD n（♂）=4	变化范围 Range	测定方法 Method
Mg^{2+}（mmol/L）	0.79±0.12	0.64~1.04	0.78±0.12	0.64~1.02	0.81±0.12	0.69~1.04	酶法
TG（mg/dl）	0.26±0.21	0~0.91	0.15±0.12	0~0.37	0.36±0.28	0.01~0.91	氧化酶法
TC（mmol/L）	3.31±0.75	2.10~4.83	3.80±0.79	2.83~4.83	2.82±0.70	2.10~3.54	胆固醇氧化酶法
ApoA1（g/L）	0.33±0.19	0.07~0.89	0.22±0.08	0.07~0.37	0.44±0.25	0.16~0.89	免疫比浊法
ApoB（g/L）	0.14±0.10	0~0.36	0.14±0.11	0.01~0.36	0.13±0.08	0~0.22	免疫比浊法
HDLC（mmol/L）	2.19±0.48	1.33~3.09	2.52±0.42	1.72~3.09	1.85±0.38	1.33~2.28	选择性抑制法
LDLC（mmol/L）	0.88±0.41	0.38~1.67	1.03±0.49	0.38~1.67	0.72±0.25	0.41~1.21	选择性水解法
LP（a）（mg/dl）	6.63±8.34	1~40	1.75±0.75	1.00~3.00	11.50±14.25	1.00~40.00	免疫浊度法
Ck（U/L）	1193±735.22	392~2265	829±608.50	392~2046	1558±679.75	752~2265	速率法
CKMB（U/L）	739±570.00	155~1664	653±505.38	235~1664	825±591.75	155~1491	免疫抑制法
HBDL（U/L）	634±122.25	334~801	660±107.50	445~801	608±137.00	334~720	速率法
LDH（U/L）	1051±361.50	589~1966	799±160.75	589~1004	1302±471.25	730~1966	连续监测法L→P
GPDA（U/l）	44±8.81	18~52	39±13.00	18~52	48±1.25	47~50	速率法
AMY（U/L）	34±15.75	2~62	33.5±5.50	27~43	33.5±26.00	2~62	连续监测法
Na^{+}（mmol/L）	146±3.50	141~157	144±2.25	141~148	148±4.62	143~157	离子选择性电极
K^{+}（mmol/L）	4.71±0.67	3.76~6.37	4.04±0.29	3.76~4.62	5.38±0.49	4.72~6.37	离子选择性电极
Cl^{-}（mmol/L）	105±4.41	99~116	103±1.88	100~107	107±6.00	99~116	离子选择性电极

第四节　病理检测

兽医病理学是兽医基础学科和临床学科的桥梁学科，主要研究动物机体患病时组织形态结构变化，以此揭示疾病的本质和发生、发展一般规律。对于黑麂进行病理剖检诊断，可为疾病防治提供依据。

一、病理标本的采集制备

用于病理学检查的病料应保持其原本的性状，不被外力破坏。在各器官组织的不同位置取材，病料包含眼观正常组织和异常组织的交接处，组织大小约2cm^2，迅速放入装有10%甲醛溶液的广口瓶中固定，固定液应没过组织。对于肠道、胆囊等薄壁组织，可将其贴附在硬质片上再做固定，以免卷曲。注意尽量各脏器都采集样本，以免遗漏肉眼不可见病变。在瓶身标明组织来源，取材日期等信息。

病理组织切片通常采用石蜡包埋切片法，采集病料经过固定、脱水、透明、浸蜡、包埋、切片、贴片烤干、染色、封固等过程制成。在苏木紫-伊红（HE）常规染色的切片内，细胞核染成蓝紫色，细胞浆染成粉红色。

二、常见疾病系统病理

（一）肺炎

肺炎是之细支气管、肺泡和肺间质的炎症，是野生动物常见疾病之一。肺炎的分类有多种，根据病理特点，可将其分为支气管肺炎（小叶性肺炎）、纤维素性肺炎（大叶性肺炎）、间质性肺炎、肉芽肿性肺炎和栓塞性肺炎，临床上又以前三者最为常见。

支气管肺炎的组织特征是，肺泡内的渗出物主要为浆液—细胞性，故也称卡他性肺炎，镜检支气管腔中有浆液性渗出物，并混有较多中性粒细胞和脱

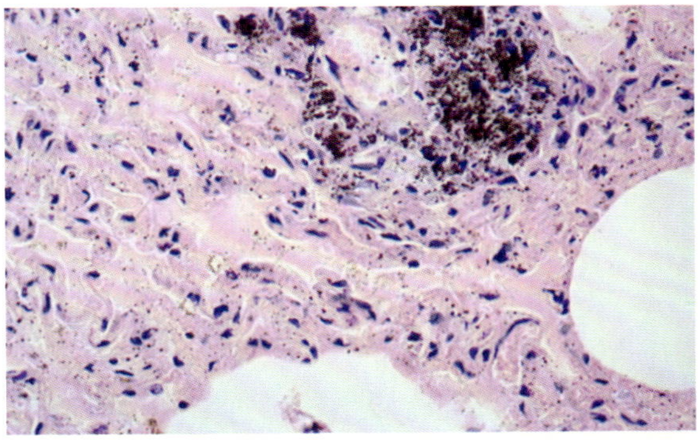

H.E染色×1600
肺泡腔有大量浆液性渗出，肺泡间质有碳末沉淀

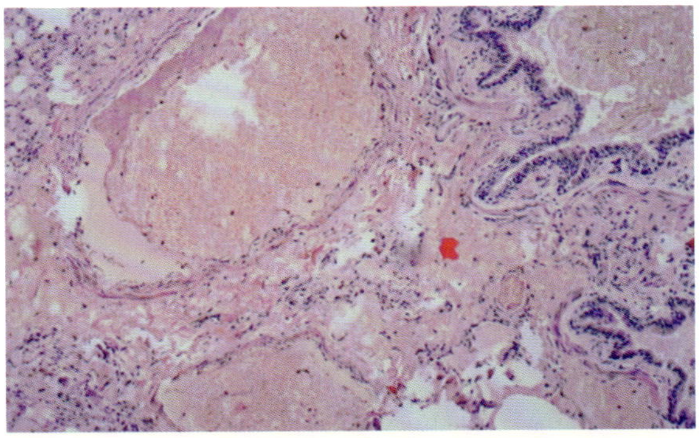

H.E染色×100
肺泡间隔血管扩张、破裂，周围红细胞浸润，细支气管内有大量浆液及红细胞渗出。

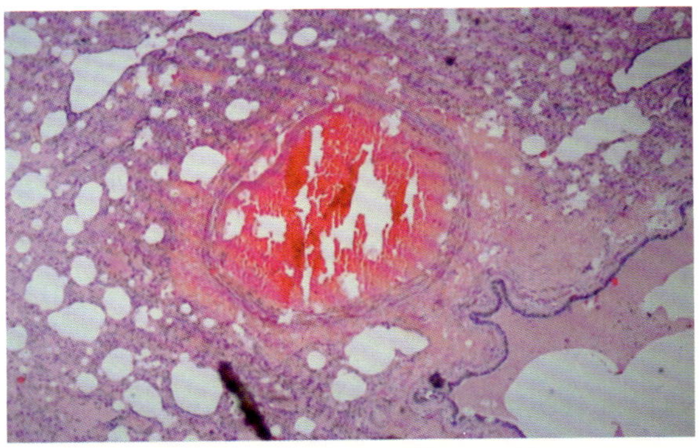

H.E染色×40
肺血管扩张、淤血，周围红细胞及炎性细胞浸润，细支气管及肺泡腔内有大量浆液及红细胞渗出。

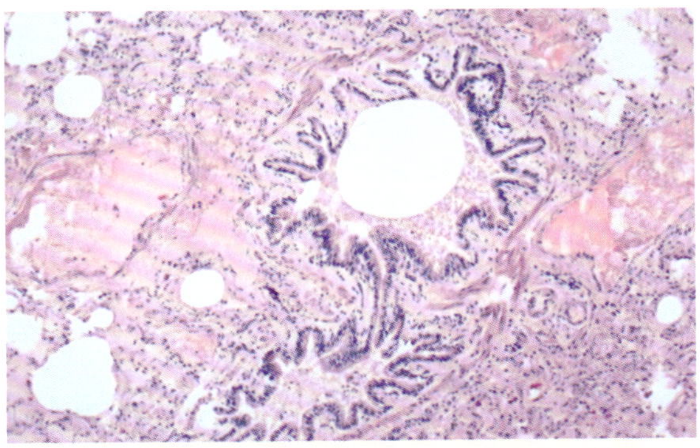

H.E染色×100
肺泡间隔血管扩张，肺间质纤维增多，局灶性炎性细胞浸润，小支气管内大量红细胞渗出，肺泡腔大量浆液性渗出。

落的上皮细胞。

纤维素性肺炎是以肺泡内有大量纤维素性渗出物为特征的一种急性肺炎，根据疾病的发展过程可分为充血水肿期、红色肝变期、灰色肝变期和消散期四个时期。充血水肿期镜检肺泡壁毛细血管扩张充血，肺泡腔内可见较多的浆液和少量红、白细胞；红色肝变期镜检肺泡壁毛细血管依然扩张充血，肺泡腔内有纤维性渗出物，内含有大量纤维素、红细胞和白细胞；灰色肝变期镜检肺泡腔内充满网状纤维素，嗜中性细胞、肺泡上皮细胞；消散期镜检肺泡腔中的纤维素崩解，巨噬细胞增多，溶解的渗出物被吸收或被咯出，肺组织慢慢恢复正常结构和功能。

间质性肺炎是指发生于肺间质的炎症过程，病变常始发于肺泡壁和肺泡间质，随后可波及小叶间、支气管与血管周围的结缔组织。病理表现在支气管、细支气管周围、小叶间隔及肺泡壁血管扩张充血、水肿，有大量淋巴细胞浸润，肺泡间隔明显增宽，肺泡腔内无渗出物或只有少量浆液。

（二）肺气肿

肺气肿是指肺脏因含气增多并伴随肺泡间隔破坏而体积膨大的现象。肺泡内空气含量增多，称为肺泡性肺气肿；由于肺泡破裂，空气进入间质，造成肺间质扩张，称为间质性肺气肿。镜检，肺泡扩张，肺泡孔扩大，肺间隔有断裂，有的扩张的肺泡融合成一个较大的囊腔。

（三）肝炎

肝炎可分为细菌性肝炎、病毒性肝炎、霉菌性肝炎和寄生虫性肝炎4种。病理变化有肝细胞实质性改变、炎细胞浸润和增生性改变。

（四）肝硬变

肝硬变由多重病因引起，其特征是肝实质细胞严重变性、坏死和结缔组织显著增生。镜检见肝小叶结构破坏，肝内胡广泛的纤维组织增生，将正常的肝小叶分成大小不等，形态多样的肝细胞团，称为假小叶。

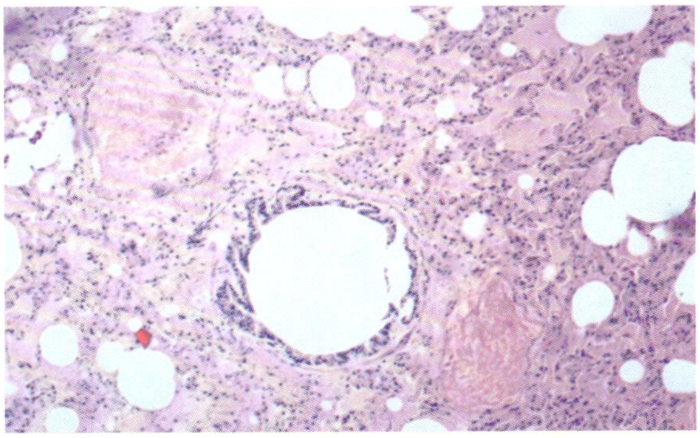

H.E染色×100
肺细支气管周围血管扩张，肺泡腔有大量浆液渗出，周围部分肺泡代偿性扩张、破裂、融合。

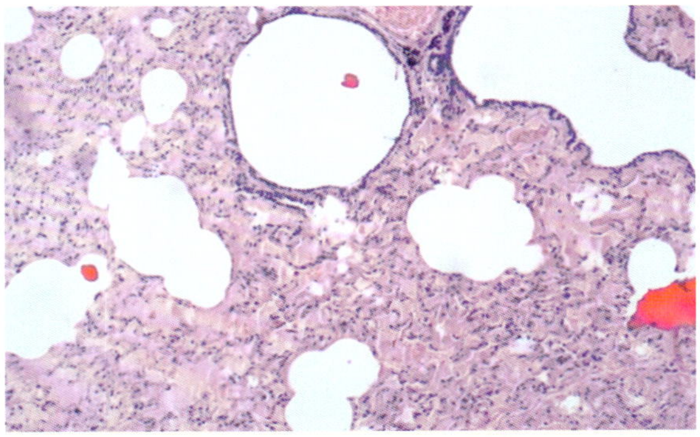

H.E染色×100
肺泡腔充满浆液性渗出，细支气管及部分肺泡腔扩张、融合，间质局灶性炎性细胞浸润。

（五）胰腺炎

胰腺炎分为急性和慢性。急性胰腺炎是由于胰酶消化胰腺及其周围组织所引起的炎症，表现为炎性水肿、出血及坏死。镜检可见胰腺组织凝固性坏死，胰组织结构改变，在坏死灶周围有中性粒细胞，间质小血管壁坏死可导致出血。慢性胰腺炎常为急性胰腺炎的转归，镜检可见胰腺小叶周围和腺泡间结缔组织增生。

（六）胃肠炎

胃肠炎是细菌、病毒、真菌、寄生虫等引起的炎症，根据病程长短可分为急性和慢性胃肠炎。急性胃肠炎根据炎性渗出物的性质和病变特点又可分为急性卡他性、出血性、纤维素性、化脓性和坏死性五种，其病理表现可见胃肠

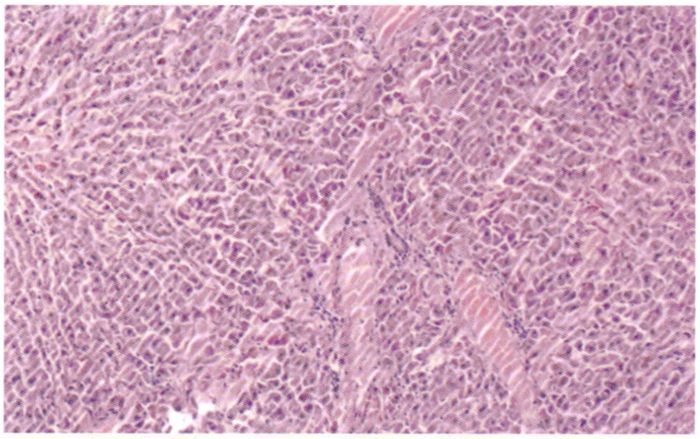

H.E染色 ×100
中央静脉扩张淤血，炎性细胞渗出。

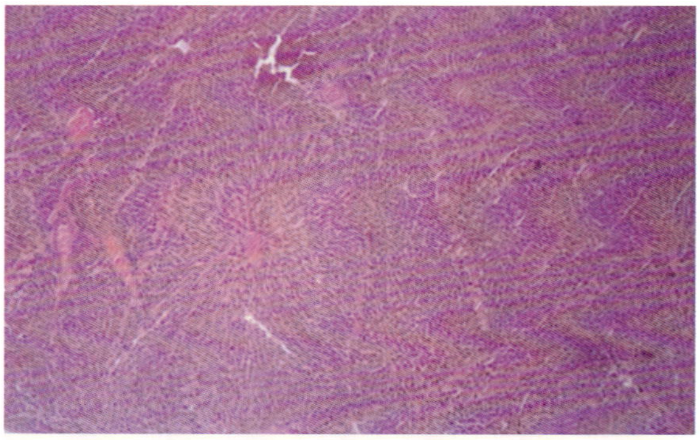

H.E染色 ×40
肝内血管及窦状隙扩张淤血，肝小叶分界不清。

道黏膜充血、出血、炎性细胞浸润，上皮坏死、脱落，分泌物增多，有时形成纤维素性假膜。慢性胃肠炎可见黏膜上皮细胞变性、坏死、脱落，黏膜固有层和黏膜下层结缔组织增生，腺体萎缩并伴有炎性细胞浸润。

（七）肾炎

肾炎分为肾小球肾炎、间质肾炎与化脓性肾炎。肾小球肾炎镜检可见肾小球体积增大，囊腔和毛细血管间隙有红细胞、白细胞和纤维素渗出，肾小管上皮细胞变性，管腔扩张，内含炎性细胞和蛋白物质。间质性肾炎可见肾间质炎性细胞浸润，结缔组织增生。

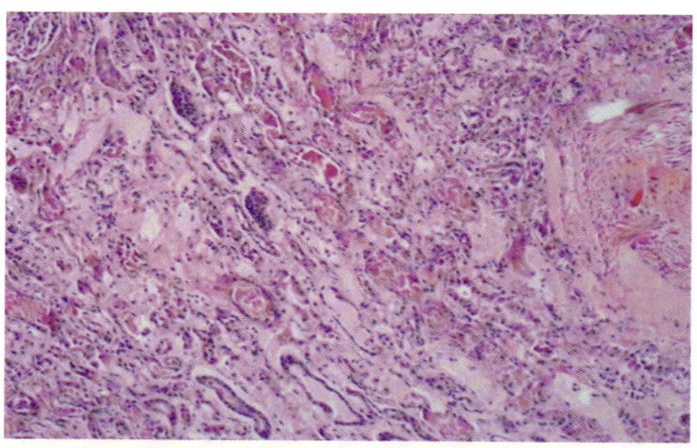

H.E染色 ×100
局灶性出血，肾小管上皮细胞坏死，间质炎性细胞浸润。

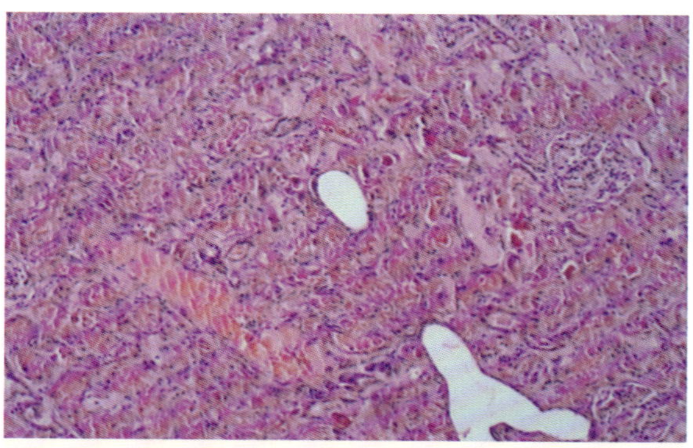

H.E染色 ×100
局灶性淤血出血，间质增生，肾小管结构不清。

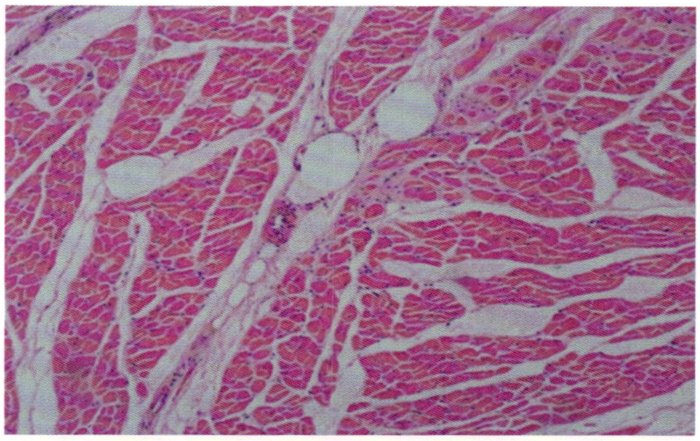

H.E染色 ×100
心肌间血管、淋巴管扩张、增生，散在炎性细胞渗出，心肌纤维萎缩。

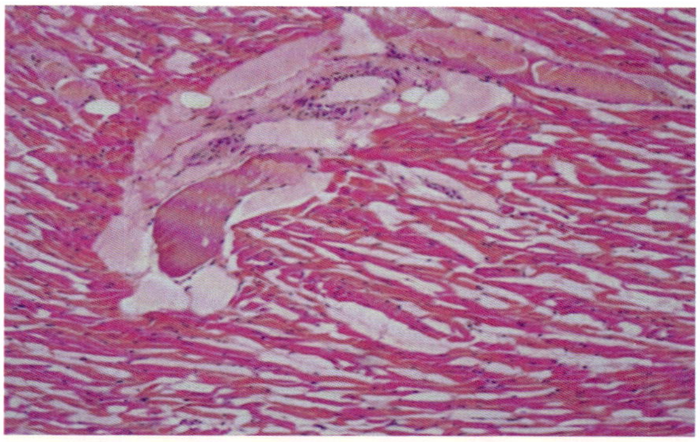

H.E染色 ×100
心肌间质增宽，纤维间水肿，血管扩张。

（八）心肌炎

心肌炎是指心脏肌层的炎症，以变质性心肌炎为多见。病理可见心肌纤维变性、坏死，心肌纤维间炎性细胞浸润，结缔组织增生。

第五节 疾病诊治

一．传染病

（一）病毒性传染病

1．狂犬病

又名恐水病，是由狂犬病病毒引起的一种人畜共患的急性接触性传染病。其临诊特征是患病黑鹿出现神经兴奋、意识障碍，继而发生全身麻痹死亡。由于它发病后高达100%的致死率，因而成为黑鹿最可怕的流行病之一。

临床症状：突然发病，患病黑鹿精神异常，兴奋或沉郁，两后肢先出现僵直，步态蹒跚，呈现麻痹状态。食欲减退或废绝，反刍停止，乱窜乱撞，擦破头部皮肤。

病因分析：黑麂被患病犬或带毒犬咬伤或抓伤，病素通过伤口部位侵入后增殖并侵害神经。病毒到达脑神经后，引起脑组织充血、水肿和炎症，并在脑神经细胞胞浆内形成“内基小体”。神经细胞受到刺激后引起反射性兴奋增高和神志混乱。最后神经细胞变性引起麻痹症状，因呼吸中枢麻痹而死亡。

诊断：根据临诊症状，结合病史和剖检病理变化进行综合分析，可做出初步诊断。确诊需进行实验室诊断。

（1）脑组织触片镜检 通过触片染色观察有无内基小体，此方法快速、简单，但不准确，可能出现无内基小体现象，需进一步检查。

（2）组织学检查 将脑组织做成切片，观察有无内基小体。

（3）动物试验 取病死黑麂脑组织制成乳剂，给30日龄小鼠作脑内或肌内注射接种。如有狂犬病病毒时，则小鼠出现共济失调、兴奋、麻痹症状。死后小鼠的脑组织可进行内基小体检查。

防治：本病目前尚无有效治疗方法，发现黑麂发病应立即扑杀，防止伤害保育员和其他黑麂造成更大的损失。圈养黑麂笼舍要做到全包围并加强管理，防止野犬或野猫进入黑麂笼舍是最重要的措施。狂犬病多发地区应定期进行疫苗免疫预防。严格实行消毒制度。

2. 病毒性腹泻——黏膜病

该疾病是由牛病毒性腹泻病毒（BVDV）引起的，属黄病毒科瘟病毒属，主要感染牛、羊、鹿、猪及小袋鼠的一种急性、热性传染病，其临床症状以胃肠黏膜发炎、糜烂、坏死和腹泻为主。

临床症状：该病分急性和慢性两种。急性患病黑麂突然发病，体温升高至40℃及以上，精神沉郁，食欲废绝，呼吸急促，鼻、眼有浆液性分泌物；后期出现鼻镜和口腔黏膜表面糜烂，舌面坏死，上皮脱落，流涎，水泻带恶臭，病程加重后带有黏液和血；急性发病1～2周后死亡，病程长的可达1个月。慢性患病黑麂体温变化不明显，进行性消瘦，持续性或间歇性腹泻，鼻镜糜烂，眼常有浆液性分泌物。有时伴随出现蹄叶炎和趾间皮肤糜烂，跛行。慢性病病

程较长，达2～6个月，甚至1年以上。

病因分析：该病主要由污染的饲料、草料经消化道传播到黑麂身上，患病牛、羊的分泌物和排泄物中含有牛病毒性腹泻病毒，污染了饲喂黑麂的饲料，黑麂吃了污染饲料后发病；也有可能由附近笼舍中耐过康复鹿通过空气经呼吸道传播。

诊断：根据流行病学、临床特征性腹泻及病理变化初步诊断，最后确诊需进行实验室检查。可采集患病黑麂发病期间的血液、尿、鼻或眼的分泌物、脾、肠系膜淋巴结等病料分离病毒。血清学试验主要包括酶联免疫吸附测定（ELISA）、血清中和试验、免疫荧光技术等检测血清抗体和牛病毒性腹泻病毒（BVDV）抗原。

防治：本病没有有效的治疗方法。主要是通过加强营养、对症治疗和支持疗法，防止脱水，加强黑麂自身机体抵抗力，使用抗生素防止继发细菌感染。从源头上加强黑麂饲料的管理和饲草来源地的监测管理。

3. 小反刍兽疫

小反刍兽疫是由小反刍兽疫病毒引起小反刍动物发病的一种急性传染性疾病。该病临床特征是发病急剧、稽留热、眼鼻分泌物增加、口腔糜烂、腹泻和肺炎。本病毒可感染绵羊、山羊、羚羊、小型鹿科包括黑麂等小反刍动物。

临床症状：患病黑麂发病急剧、高热41℃及以上，精神沉郁，食欲减退，口、鼻腔有脓性分泌物，鼻镜干燥，口腔黏膜充血，随着病程的发展，下唇、下齿龈等处黏膜出现坏死，后期常出血水泻带血丝，患病黑麂严重脱水，消瘦等，病死前体温下降。

病因分析：自然发病主要是绵羊、山羊、羚羊、小型鹿科等小型反刍动物。牛、猪等可以感染，但基本是出现亚临床反应。该病主要通过患病动物和隐性感染者传播，处于亚临床状态的羊传播性最强，可通过分泌物和排泄物经呼吸道飞沫或直接接触传染。因此，圈养黑麂场地与其他羊或羚羊场地过近而导致传染。野外救护亚临床症状的黑麂也有可能是传染源。

诊断：根据流行病学、临床特征等可作出初步判断，确诊需进行实验室检查，包括病毒分离鉴定和血清学检查。病毒分离鉴定可用棉签采集口、鼻腔分泌物、齿龈或直肠黏膜等，在实验室接种培养细胞，然后用血清学或聚合酶链式反应（PCR）方法鉴定。

防治：本病无特效的治疗方法，发现该病兽应立即隔离，使用广谱抗生素预防继发感染，采用对症治疗和支持疗法。圈养场地彻底消毒，密切关注群体其他动物临床症状。如果是首次发病应当扑杀并无害化处理，防止洁净地区成为疫源地。

（二）细菌性传染病

1. 大肠杆菌病

该病是幼年黑麂常见的一种传染性病症，成年黑麂相对较少发病，主要引起腹泻，严重的可引起败血症和毒血症。

临床症状：该病主要临床症状是腹泻，病程初期患病黑麂食欲减退，体温升高，鼻镜干燥，饮欲增强，精神沉郁，活动减少。粪便呈粥样便，颜色呈现黄色、黄白色，后期出现血便。黑麂随着病程发展很快消瘦，最后死于脱水、败血症。

病因分析：大肠杆菌是肠道正常菌群的重要成员之一，主要存在于人和动物的肠道内。当致病性大肠杆菌侵害动物时出现发病，主要传染源为带菌雌黑麂，其排泻物污染饲料和饮水。大肠杆菌为条件致病菌，经消化道传播，当幼年黑麂营养不良、天气湿冷、应激过度等情况导致体况变差时，摄入被污染的饲料或饮水时发病。

诊断：根据临床症状和流行病学可作初步诊断，确诊可通过细菌分离鉴定。

治疗：及时发现，及时治疗。主要治疗原则是抗菌消炎、调理肠道菌群、补充体液。初期肌肉注射抗生素，如青霉素灰、头孢菌素类、氨基糖甙类等，乳酸菌素片和蒙脱石散等配合使用；出现脱水现象，需要进行静脉输液，5%葡萄糖250～500mL，同时加强营养。

预防：平时加强妊娠期和哺乳期雌黑麂的饲养管

理，加强营养，特别注意补充多种维生素和微量元素，保持黑鹿笼舍的干净卫生，实行定期消毒制度，保证新鲜清洁的饲料和饮水。当发生该病时，对发病黑鹿要进行隔离，对污染笼舍和环境进行彻底消毒。

2．巴氏杆菌病

该病是由多杀巴氏杆菌引起黑鹿的一种急性败血性传染病，临床上以体温升高、呼吸困难、发病急、死亡率高为特点，又称出血性败血症。

临床症状：该病发病急，最急性型往往未表现明显临床症状，突发死亡。急性败血型，发病黑鹿离群呆立或卧地不起，体温速度升高到40℃以上，呼吸困难，甚至张口呼吸，鼻镜干燥，精神沉郁，食欲废绝，反刍停止，眼结膜潮红充血，口鼻流淡红色泡沫样液体；病程较短，一般为1～2天死亡。肺炎型，发病黑鹿精神沉郁，呼吸急促，鼻镜干燥，有干咳等症状；严重时呼吸困难，头颈前伸，口吐白沫，病程为3～6天，后期出现灰绿色稀便，偶见带血。

病因分析：患病黑鹿排泄物、分泌物和健康带菌黑鹿是本病的主要传染源。患病黑麂的排泄物、分泌物或带菌粪便污染饲料、饮水或土壤，细菌可经消化道和呼吸道传播。该菌可存在于黑麂上呼吸道和消化道黏膜上，当饲养管理不良、天气聚变、长途运输、营养缺乏、长期应激等情况导致黑麂机体全身抵抗力下降，可诱发该病。因此，黑麂巴氏杆菌病常发生于动物机体抵抗力降低的条件下。

诊断：根据临床症状和流行病学可作初步诊断，确诊可通过细菌学检查。取病料涂片染色镜检，发现两极染色的卵圆形杆菌，接种培养基分离到该菌进行生化试验可确诊。

治疗：患病黑麂隔离。治疗原则以抗菌消炎、补充体液为主。肌肉注射青霉素160万IU/次，链霉素50万IU，1次/天，连用7天。肌肉注射头孢曲松钠0.5g/次，1次/天，连用5～7天。发病严重者需要静脉输液，5%葡萄糖、0.9%氯化钠、乳酸林格氏液，可以加入ATP、辅酶A、VC等辅助用药治疗效果更好。

预防：加强饲养管理，内室注意通风换气，避免种群密度过大。黑麂胆小性警觉，减少或消除外界异常干扰，防止其过度应激，降低机体抵抗力。按相关消毒管理制度定期对黑麂笼舍和外运动场进行消毒，杀灭环境中可能存在的病原体。当发生该病时，对发病黑麂要及时进行隔离，对污染笼舍和环境进行彻底消毒。

3. 破伤风

该病又名强直症，俗称锁口风，是由破伤风梭菌经伤口感染引起的一种人畜共患的急性中毒性疾病，主要临床症状为牙关紧闭，局部或全身肌肉呈现强直痉挛。破伤风梭菌在动物体内产生几种破伤风外毒素，最主要的为痉挛毒素，作用于神经系统，引起动物特征性强直痉挛症状。

临床症状：该病潜伏期长短不一，平均为1～2周，最短的为1～2天，与

原发感染部位距离中枢神经系统远近相关。黑麂感染后，初期症状不明显，表现为头颈部肌肉强直，采食、咀嚼、吞咽困难，反刍减少甚至停止，活动缓慢，两眼呆滞。随着病程的发展，四肢也出现强直，步态不稳；咬肌紧缩，最后牙关紧闭，不能采食或饮水。本病病程一般为一周左右，如果不及时治疗，多数黑麂最终死亡，死亡原因主要是窒息、心肌麻痹以及长时间饥饿导致全身衰竭。

病因分析：黑麂发病绝大多数是由笼舍铁丝、铁钉等造成体表创伤尤其是蹄部创伤而感染发病。发情期间频繁打斗受伤感染也是引起本病的重要因素。黑麂生性胆怯，易受惊，圈养条件下易发生碰撞外伤，致本病发病率较高。

诊断：根据黑麂是否有创伤病史，以及特征性强直、牙关紧闭等明显临床症状，可基本确诊。

治疗：首先加强护理，患病黑麂单独饲养，减少或避免外界声响刺激。治疗原则是中和毒素，解除痉挛以及防止并发症。

如果创伤未愈合应先清理伤口，依次用3%过氧化氢溶液、3%聚维酮碘溶液清洗伤口。静脉注射或皮下注射破伤风抗毒素5万IU，每日两次，连续治疗1周，中和破伤风毒素。20%硫酸镁20ml静脉注射或肌肉注射，解除痉挛。根据患病黑麂营养状态可以采用静脉输液，补充营养、纠正酸碱平衡和电解质平衡。

（三）寄生虫病

1. 黑麂类圆线虫病

类圆线虫病又称杆虫病，是类圆属的线虫寄生于黑麂肠道引起的，对幼年黑麂危害较大。患病黑麂出现消瘦，生长迟缓，严重者可出现死亡。丝虫型幼虫为感染期幼虫，丝虫型幼虫钻入宿主皮肤或被宿主经口摄入进行感染。经皮肤感染时，幼虫通过血液循环到心、肺，然后到支气管、咽，被反刍吞咽后到达肠道发育为成虫；幼虫经口摄入感染，幼虫从胃黏膜钻入血管后同前述一样的路径到达肠道，虫卵随粪便排出体外。

临床症状：黑麂类圆线虫主要寄生于小肠，轻度感染时不显临床症状。感染早期幼虫侵入皮肤可引起皮肤湿疹；移行到肺脏引起支气管炎；进行肠道寄生时，引起肠黏膜炎症。精神不振，腹泻，消瘦等。

诊断：采集粪样，采用直接镜检及饱及盐水漂浮法，发现虫卵即可确诊。

治疗：阿苯达唑10mg/kg，每日1次，口服需连续用药1～2周；或噻苯唑50mg/kg，每日1次，连续用药3～5天；或甲苯咪唑10mg/kg，每日2次，需连续用药1周。停药1周后复查，如仍有虫卵，再重复用药一次。

预防：内室和外运动

场应保持干净卫生、通风良好、环境干燥。每年春、秋两季进行肠道寄生虫检查。按制度定期消毒内室、场地、工具、食水槽等。

2. 黑麂毛首线虫病

该病是由毛尾属的线虫寄生于黑麂大肠，主要是在盲肠引起的，又称毛首线虫病或鞭虫病，对幼年黑麂危害较大，严重感染会引起死亡。黑麂经口吞食了被感染性虫卵污染的饲料后，幼虫在小肠孵出并发育，之后移行到盲肠内寄生于黏膜上。毛首线虫虫卵卵壳厚，抵抗力强，感染性虫卵可在土壤中存活5年，一年四季均可感染，夏季感染率最高。

临床症状：轻度感染时出现不定期腹泻，挑食，轻度贫血；严重感染

时，食欲减退，消瘦，贫血，顽固性腹泻，排黑褐色水样便，并有黏液。

治疗：阿苯达唑10mg/kg，每日一次，连用三天；左旋咪唑5mg/kg，每日一次，连用三天；停药1周后复查，如仍有虫卵，再重复用药一次。也可用伊维菌素或多拉菌素肌肉注射。

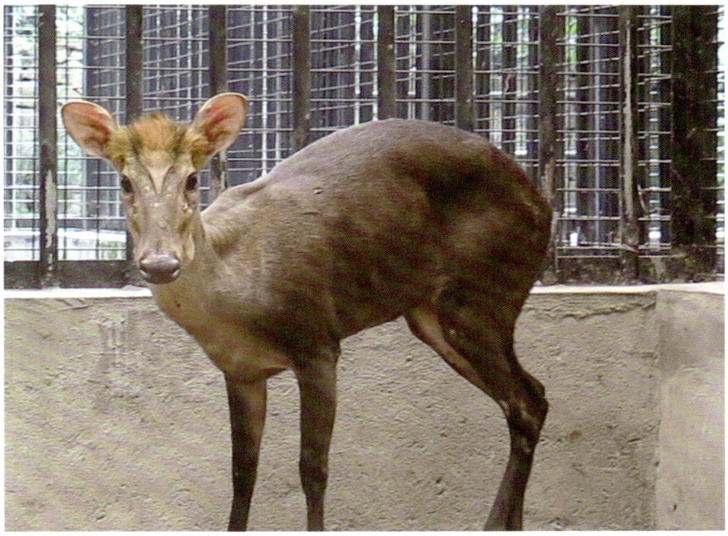

预防：内室和外运动场应保持卫生干净、通风良好、干燥。每年春、秋两季进行肠道寄生虫检查。按制度定期消毒内室、场地、工具、食水槽等。如果感染较严重兽舍，可以进行换土等操作。

3. 黑麂球虫病

该病是圈养野生动物中常见的一种原虫病。禽类、鹿科、牛科、马科等动物都易发生球虫病。黑麂也易感染球虫，尤其是幼年黑麂感染比较严重，甚至引起死亡。在南方梅雨季节最容易发病，因为潮湿的环境有利于球虫的发育和存活。

临床症状：初期精神沉郁，被毛粗乱，体温轻微升高或正常，排稀便带少量血液，食欲下降，活动减少；感染加重者，身体消瘦，体况虚弱，反刍停止，贫血，肠蠕动增强，排黏液带血水样便，有恶臭。肛周、后肢及尾部被稀便污染。后期体温下降，因重度贫血和衰弱而死亡。

诊断：根据发病的流行病学、临床症状和粪便检查进行确诊。采集粪样，采用直接镜检及饱和盐水漂浮法，发现卵囊是做出确诊的主要根据。

治疗：磺胺类药（如磺胺嘧啶、磺胺甲氧嘧啶、磺胺氯吡嗪钠等）可以抑制球虫病的发展。临床效果较好的有广谱抗球虫药妥曲珠利（百球清），结合临床症状止泻止血，强心补液。

预防：平时加强饲养管理，及时清理粪便，防止饲料和饮水的污染。内室和外运动场应保持卫生干净、通风良好、干燥。每年春、秋两季进行肠道寄生虫检查。按制度定期消毒内室、场地、工具、食水槽等。

4．黑麂疥螨病

该病是由疥螨引起皮肤问题的慢性寄生性皮肤病，俗称癞皮病。

临床症状：幼年黑麂发病较严重，多先起于眼眶、耳部及胸部，然后发展到躯干和四肢。发病初期皮肤发红有疹状小结，表面有大量皮屑，进而被毛粗乱、脱落。患病黑麂搔痒，会时常出现磨擦树干、木桩等情况，烦躁不安，影响休息。病程较长者，出现消瘦、营养不良。

诊断：根据临床症状可做初步诊断，可进行实验室诊断确诊。用消毒好的手术刀片在患处与健康皮肤交界处刮片取样，刮至快要出血为止，将样品置于载玻片上，加上生理盐水镜检，见到疥螨虫体即可确诊。

治疗：伊维菌素按每千克体重0.2～0.3mg，肌肉注射，每周一次，连用2～3次，病情较严重可根据情况延长治疗次数。多拉菌素按每千克体重3～5mg，肌肉注射，每周一次。

预防：加强饲养管理，保持黑麂笼舍清洁、干燥、通风。按制度定期消毒。同时加强营养，及时补充微量元素和维生素，提高机体抵抗力。

（四）内科病

1．口腔炎

口腔炎是口腔黏膜的炎症，临床上以流涎、食欲下降和口腔黏膜肿胀为特征。一般患处呈现局限性，有时波及齿龈、颊部黏膜等处。根据炎症性质可分为溃疡性、坏死性、水疱性和霉菌性口腔炎，临床上多以溃疡性为主。

病因分析：多由尖锐异物引起，如铁丝、铁钉、坚硬细树枝等；当黑麂营养不良时，机体抵抗力降低，口腔感染细菌使黏膜发炎，感染白色念珠菌时引起真菌性炎症；也可继发于牙周炎、牙龈炎、B族维生素缺乏症等。

治疗：确诊病因，对症治疗。全身麻醉检查，如异物引起，去除异物，或拔除病齿。细菌感染性口腔炎，应用敏感抗生素治疗，如肌肉注射青霉素类、头孢菌素类、氨基糖甙类、喹诺酮类等治疗药物。真菌感染，用抗真菌制剂。同时配合使用复合维生素B和维生素A。

预防：定期检查笼舍内是否有异物，笼舍维修后要清理掉所有工具和用具。定期向黑麂补充维生素A，增强黏膜抵抗力。

2．牙龈炎

牙龈炎是指发生在牙龈边缘和牙龈乳头部位的炎症，引起牙龈充血、水肿、糜烂、出血等病变。黑麂牙龈炎初期不易被发现，往往病情严重时引起继发感染，下颌肿胀时才被发现。

病因分析：圈养条件下黑麂饲喂颗粒饲料，颗粒饲料嵌塞在牙齿齿槽，长期作用于牙龈导致细菌感染（如金黄色葡萄球菌、链球菌等）引起炎症。

治疗：发病初期可以口服甲硝唑加头孢拉定。如果牙齿已经松动或牙龈糜烂，则需要拔除病牙，再口服甲硝唑加头孢拉定。

预防：加强饲养管理，优化日粮结构，增加青绿饲料饲喂，减少颗粒饲料饲喂。

3．肠炎

肠炎是指肠黏膜的急性或慢性炎症。慢性肠炎多见于老年黑麂或急性肠炎未能及时治疗的患病黑麂发展而来。

临床症状：精神沉郁、腹痛和腹泻为主要症状。腹痛，时常有弓背现象发生，躺卧时间增加。粪便稀软，水样或胶冻样，体重减轻，消瘦，机体脱水，电解质紊乱等症状。

诊断：根据病史和临床症状可做出初步判断。一般情况可进行治疗性诊断，内窥镜检查肠道黏膜的病变情况可确诊。

治疗：对较轻病例可用乳菌素片或培菲康等活菌制剂，配合收敛剂，如白陶土、思密达等治疗； 当有细菌感染时，可肌肉注射抗生素；防止机体脱水，可口服补液盐溶液。

4. 黑鹿维生素A缺乏症

该症状是由维生素A或其前体胡萝卜素缺乏或不足引起的一种营养代谢性疾病。临床上以生长缓慢、上皮角化、繁殖机能障碍以及机体免疫力下降为特征。

病因：饲料中维生素A或胡萝卜长期缺乏或不足；饲料结构不合理，青绿饲料和胡萝卜中含有丰富的胡萝卜素，颗粒饲料里含量较少，如果长期以颗粒饲料饲喂为主，青绿饲料和胡萝卜较少，会导致维生素A缺乏；维生素A或胡萝卜素吸收不良。

防治：优化饲料结构，增加青绿饲料和胡萝卜比例；治疗时大剂量维生素AD胶囊或维生素A胶囊，以后定期补充。

5. 黑鹿维生素E缺乏症

该症状是机体内维生素E缺乏或不足引起的一种营养代谢病。维生素E是一种抗氧化剂，主要调节机体内的氧化过程。动物体内维生素E缺乏时，幼年黑鹿表现为肌肉发育营养不良，雌性黑鹿表现为不孕、流产或死胎，雄性黑鹿精液品质下降。

病因：维生素E广泛存在于动植物饲料中，通常情况不会发生缺乏症，但维生素E是强氧化剂，饲料贮存不当容易引起维生素E失效；注意生长发育期黑鹿、妊娠期雌性黑鹿对维生素E的需求量增加。

诊断：血液中维生素E的测定。

防治：治疗时可肌肉注射维生素E，或口服维生素E。平时饲养中注意妊娠、哺乳期黑鹿饲料中添加维生素E胶囊，青绿饲料贮存在阴凉处，防止曝晒。

二、外科病

1. 外伤

圈养情况下，在黑鹿群体中出现多只雄性个体，就会出现打斗行为而导致外伤。黑鹿的打斗行为一般发生在发情交配期，黑鹿攻击行为由头角和牙齿发起，因此，黑鹿外伤可分为划伤和咬伤，视打斗的激烈程度又可分为轻微外伤和严重受伤。

轻微外伤：黑麂外伤大多为轻微外伤，伤痕出现在脸颊部、头顶、肩部等部位。常见被毛掉落，少量出血，食欲和精神未出现异常，但时常会躲在角落里休息。这种情况下，可以不做处理，让其自行恢复。

2. 创伤

当黑麂打斗比较激烈时，往往受伤会比较严重，皮肤破损，伤口达2cm以上，极易继发感染。此时，保守治疗可能效果不明显，愈后不佳。

治疗方法：化学保定进行外科手术，创口清洗消毒后进行结节缝合，并在患处外用碘溶液，7～10天后拆线；有细菌感染者，需口服抗生素治疗。

3. 感染性创伤

黑麂犬齿发达，出现被咬伤病例时，伤口犬齿印清晰可见，伤口出血，肿大，受伤部位基本处于大腿后侧。如果发现不及时，极易继发细菌感染，伤口化脓，增加治疗难度。

治疗方法：①清理创伤口：用双氧水对伤口进行消毒，然后用0.9%氯化钠溶液冲洗，再外用碘溶液，如出现化脓创伤，用碘酊纱布填充空腔进行引流；②抗菌消炎，防止继发感染：口服或肌肉注射广谱类抗生素5～7天；注意食草动物口服抗生素会导致胃肠道微生物内环境紊乱，容易引起腹泻或便秘等不良反应，口服给药后可以添加益生菌进行调理，如金双歧、培菲康等。

第五章 黑麂保护策略

（人工饲养篇）

一、加强保护区的管理和交流

目前黑麂保护区以浙江和安徽两省为主，但多呈碎块化状态分布。应加强对所有保护区的管理，坚持封山育林，退耕还林等工作的开展，在保护区之间建立人工林通道，让保护区走向整体化，使不同保护区的黑麂可以进行繁殖，实现基因交流，促进种群优化，从根本上保护好这一中国特有物种。

二、加强宣传和执法工作

地方政府和保护区工作部门应每年制定黑麂宣传计划，向当地社区居民宣传普及《野生动物保护法》，以及保护生态环境、保护黑麂的重要性。同时，需要落实野生动物致害的相关补偿制度。政府林业行政部门及各级公安机关应严厉打击乱捕、偷捕、伤害、秘密处置黑麂的违法犯罪行为。

三、加强科学研究

应加强保护区、动物园与高校等科研院所的合作，对黑麂进行深入的科学研究。如不同年龄段黑麂营养需求、黑麂毛发的结构、黑麂消化道等器官微

观结构、黑麂生态学、黑麂基因学、黑麂疾病学等方面的科学研究。研究结果将对黑麂野外种群的保护和圈养种群的扩大提供有益的参考。保护区发现受伤或弃仔需要救护时，可以依托动物园的相关资源，送到附近动物园进行救治，救治成功的黑麂个体可以参与圈养种群的繁殖，以优化圈养种群基因。

建议尽快拟定全国圈养种群管理方案。在中国动物园协会的领导下，杭州动物园作为全国笼养黑麂种群管理牵头单位，已调查清楚北京动物园、杭州动物园、合肥动物园等三家动物园黑麂数量和谱系。接下来应制定全国人工饲养黑麂种群管理方案，根据遗传学要求进行科学繁育，争取五年内存活个体数达70头。圈养种群的扩大到100头，应考虑在相关保护区进行适当的野化训练，为野外数量的及时补充做好准备。

附：

China BLACK FRONTED MUNTJAC

Studbook

（*Muntiacus crinifrons*）

黑麂谱系 2019

Hangzhou Zoological Garden
40 Hupao Ave
Hangzhou, 310008, China

杭州动物园
黄飞
2020年7月29日

Contents 目录

Section 1
第一部分

Full list, ordered by studbook number
按谱系号排列全部个体谱系表

BLACK FRONTED MUNTJAC Studbook
(*Muntiacus crinifrons*)

Stud #	Sex	Birth Date	Sire	Dam	Location	Date	Event
101	M	~1993	WILD26	WILD27	BEIJING	~1993	Capture
					BEIJING	~2007	Death
102	F	~2000 +/-1yr	WILD1	WILD2	HANGCHOW	~2000	Capture
					HANGCHOW	~2011	Death
103	M	~2000 +/-2yr	WILD3	WILD4	HANGCHOW	~2000	Capture
					HANGCHOW	~2011	Death
104	F	~2001	WILD24	WILD25	BEIJING	~2001	Capture
					BEIJING	~2008	Death
105	M	~2002	WILD14	WILD15	HOPEI	~2002	Birth
106	M	~2003	WILD16	WILD17	HOPEI	~2003	Birth
107	F	~2003	WILD18	WILD19	HOPEI	~2003	Birth
108	F	11-May-04	101	104	BEIJING	11-May-04	Birth
109	F	~2004	WILD	WILD	HANGCHOW	~2004	Capture
					HANGCHOW	2-Mar-11	Transfer
					HANGCHOW	20-Aug-17	Death
110	M	~2004	WILD20	WILD21	HOPEI	~2004	Birth
111	F	~2004	WILD22	WILD23	HOPEI	~2004	Birth
112	M	2 May 2005	101	104	BEIJING	2 May 2005	Birth
113	M	24-Nov-05	103	102	HANGCHOW	24-Nov-05	Birth
114	M	26-Sep-06	103	102	HANGCHOW	26-Sep-06	Birth
115	M	12-Jun-08	112	108	BEIJING	12-Jun-08	Birth
116	F	20-May-09	112	108	BEIJING	20-May-09	Birth
117	M	27 May 2010	112	108	BEIJING	27 May 2010	Birth
					BEIJING	? May 2019	Death
118	M	~2010	WILD7	WILD8	HANGCHOW	~2010	Capture
					HANGCHOW	3-Jan-19	Death
119	F	~2010	WILD5	WILD6	HANGCHOW	~2010	Capture

（续表）

Stud #	Sex	Birth Date	Sire	Dam	Location	Date	Event
120	F	~2011	WILD9	WILD10	HANGCHOW	~2011	Capture
121	F	~2012	WILD11	WILD12	ANHWEI	~2013	Capture
					HANGCHOW	1-May-15	Transfer
122	M	27-Apr-13	118	119	HANGCHOW	27-Apr-13	Birth
123	M	23-Jun-13	113	109	HANGCHOW	23-Jun-13	Birth
124	F	15-Nov-13	112	108	BEIJING	15-Nov-13	Birth
125	F	3-May-14	118	119	HANGCHOW	3-May-14	Birth
126	M	30-May-14	118	120	HANGCHOW	30-May-14	Birth
127	M	~Jun 2014	113	109	HANGCHOW	~Jun 2014	Birth
					HANGCHOW	~2017	Death
128	F	~2014	WILD13	121	ANHWEI	~2014	Birth
					HANGCHOW	1-May-15	Transfer
129	F	8-Dec-14	112	108	BEIJING	8-Dec-14	Birth
					BEIJING	~2017	Death
130	M	~2015	105	111	HOPEI	~2015	Birth
131	M	~2015	106	107	HOPEI	~2015	Birth
132	M	~2015	UNK	UNK	HOPEI	~2015	Birth
133	F	21-Jul-15	113	109	HANGCHOW	21-Jul-15	Birth
134	M	15-Oct-15	112	108	BEIJING	15-Oct-15	Birth
135	M	4 Jun 2016	114	120	HANGCHOW	4 Jun 2016	Birth
136	F	20-Jun-16	112	116	BEIJING	20-Jun-16	Birth
137	F	~2016	105	111	HOPEI	~2016	Birth
138	F	~2016	106	107	HOPEI	~2016	Birth
139	F	~2016	105	111	HOPEI	~2016	Birth
140	F	4 Jul 2016	112	108	BEIJING	4 Jul 2016	Birth
141	F	10-Sep-16	123	121	HANGCHOW	10-Sep-16	Birth
142	F	16-Jun-17	123	121	HANGCHOW	16-Jun-17	Birth
143	F	~2017	105	111	HOPEI	~2017	Birth
144	?	~2017	105	111	HOPEI	~2017	Birth
145	?	~2017	131	137	HOPEI	~2017	Birth
146	F	27-Aug-17	118	119	HANGCHOW	27-Aug-17	Birth

（续表）

Stud #	Sex	Birth Date	Sire	Dam	Location	Date	Event
147	M	14-May-18	123	121	HANGCHOW	14-May-18	Birth
148		2-Jul-18	122	133	HANGCHOW	2-Jul-18	Birth
					HANGCHOW	15-Aug-18	Death
149	F	22-Jun-16	WILD32	WILD33	ANHWEI	22-Jun-16	Birth
					BEIJING	10-Nov-18	Transfer
150	M	18-May-17	WILD34	WILD35	ANHWEI	18-May-17	Birth
					BEIJING	10-Nov-18	Transfer
151	F	18-May-17	112	108	BEIJING	18-May-17	Birth
152	M	12-Aug-17	MULT1	124	BEIJING	12-Aug-17	Birth
153	M	9-Oct-17	MULT1	116	BEIJING	9-Oct-17	Birth
154	M	21 Jun 2018	MULT1	108	BEIJING	21 Jun 2018	Birth
155	M	7 May 2019	123	121	HANGCHOW	7 May 2019	Birth
156	M	29-May-19	122	133	HANGCHOW	29-May-19	Birth
						7-Aug-19	Death

[Death by: Unknown means]

TOTALS: 28.26.2 (56)

Compiled by: Huang Fei
Hangzhou Zoological Garden
Data current thru: 20 Jul 2018 Regional
Printed on 29 Aug 2019 using Sparks v1.54

Section 2
第二部分

Full list, ordered by last location
按最后居住地排列全部个体谱系表

BLACK FRONTED MUNTJAC Studbook
(*Muntiacus crinifrons*)

Report ordered by: current/last location (alphabetic)

Stud #	Sex	Birth Date	Sire	Dam	Location	Date	Event
101	M	~ 1993	WILD26	WILD27	BEIJING	~ 1993	Capture
					BEIJING	~ 2007	Death
104	F	~ 2001	WILD24	WILD25	BEIJING	~ 2001	Capture
					BEIJING	~ 2008	Death
108	F	11-May-04	101	104	BEIJING	11-May-04	Birth
112	M	2 May 2005	101	104	BEIJING	2 May 2005	Birth
115	M	12-Jun-08	112	108	BEIJING	12-Jun-08	Birth
116	F	20-May-09	112	108	BEIJING	20-May-09	Birth
117	M	27 May 2010	112	108	BEIJING	27 May 2010	Birth
					BEIJING	? May 2019	Death
124	F	15-Nov-13	112	108	BEIJING	15-Nov-13	Birth
129	F	8-Dec-14	112	108	BEIJING	8-Dec-14	Birth
					BEIJING	~ 2017	Death
134	M	15-Oct-15	112	108	BEIJING	15-Oct-15	Birth
136	F	20-Jun-16	112	116	BEIJING	20-Jun-16	Birth
140	F	4 Jul 2016	112	108	BEIJING	4 Jul 2016	Birth
149	F	22-Jun-16	WILD32	WILD33	ANHWEI	22-Jun-16	Birth
					BEIJING	10-Nov-18	Transfer
150	M	18-May-17	WILD34	WILD35	ANHWEI	18-May-17	Birth
					BEIJING	10-Nov-18	Transfer
151	F	18-May-17	112	108	BEIJING	18-May-17	Birth
152	M	12-Aug-17	MULT1	124	BEIJING	12-Aug-17	Birth
153	M	9-Oct-17	MULT1	116	BEIJING	9-Oct-17	Birth
154	M	21 Jun 2018	MULT1	108	BEIJING	21 Jun 2018	Birth

Totals: 9.9.0 (18)

HANGCHOW - Hangchow Zoological Garden, Hangchow, Chekiang, China

Stud #	Sex	Birth Date	Sire	Dam	Location	Date	Event
102	F	~2000 +/-1yr	WILD1	WILD2	HANGCHOW	~ 2000	Capture
					HANGCHOW	~ 2011	Death
103	M	~2000 +/-2yr	WILD3	WILD4	HANGCHOW	~ 2000	Capture
					HANGCHOW	~ 2011	Death
109	F	~ 2004	WILD	WILD	HANGCHOW	~ 2004	Capture
					HANGCHOW	2-Mar-11	Transfer
					HANGCHOW	20-Aug-17	Death
113	M	24-Nov-05	103	102	HANGCHOW	24-Nov-05	Birth
114	M	26-Sep-06	103	102	HANGCHOW	26-Sep-06	Birth
118	M	~ 2010	WILD7	WILD8	HANGCHOW	~ 2010	Capture
					HANGCHOW	3-Jan-19	Death
119	F	~ 2010	WILD5	WILD6	HANGCHOW	~ 2010	Capture
120	F	~ 2011	WILD9	WILD10	HANGCHOW	~ 2011	Capture
121	F	~ 2012	WILD11	WILD12	ANHWEI	~ 2013	Capture
					HANGCHOW	1-May-15	Transfer
122	M	27-Apr-13	118	119	HANGCHOW	27-Apr-13	Birth
123	M	23-Jun-13	113	109	HANGCHOW	23-Jun-13	Birth
125	F	3-May-14	118	119	HANGCHOW	3-May-14	Birth
126	M	30-May-14	118	120	HANGCHOW	30-May-14	Birth
127	M	~ Jun 2014	113	109	HANGCHOW	~ Jun 2014	Birth
					HANGCHOW	~ 2017	Death
128	F	~ 2014	WILD13	121	ANHWEI	~ 2014	Birth
					HANGCHOW	1-May-15	Transfer
133	F	21-Jul-15	113	109	HANGCHOW	21-Jul-15	Birth
135	M	4 Jun 2016	114	120	HANGCHOW	4 Jun 2016	Birth
141	F	10-Sep-16	123	121	HANGCHOW	10-Sep-16	Birth
142	F	16-Jun-17	123	121	HANGCHOW	16-Jun-17	Birth
146	F	27-Aug-17	118	119	HANGCHOW	27-Aug-17	Birth
147	M	14-May-18	123	121	HANGCHOW	14-May-18	Birth
148		2-Jul-18	122	133	HANGCHOW	2-Jul-18	Birth
					HANGCHOW	15-Aug-18	Death

（续表）

Stud #	Sex	Birth Date	Sire	Dam	Location	Date	Event
155	M	7 May 2019	123	121	HANGCHOW	7 May 2019	Birth
156	M	29-May-19	122	133	HANGCHOW	29-May-19	Birth

Totals: 13.11.0 (24)

HOPEI - Hopei Xiaoyaotsin Park, Hopei, Anhwei, China

Stud #	Sex	Birth Date	Sire	Dam	Location	Date	Event
105	M	~2002	WILD14	WILD15	HOPEI	~2002	Birth
106	M	~2003	WILD16	WILD17	HOPEI	~2003	Birth
107	F	~2003	WILD18	WILD19	HOPEI	~2003	Birth
110	M	~2004	WILD20	WILD21	HOPEI	~2004	Birth
111	F	~2004	WILD22	WILD23	HOPEI	~2004	Birth
130	M	~2015	105	111	HOPEI	~2015	Birth
131	M	~2015	106	107	HOPEI	~2015	Birth
132	M	~2015	UNK	UNK	HOPEI	~2015	Birth
137	F	~2016	105	111	HOPEI	~2016	Birth
138	F	~2016	106	107	HOPEI	~2016	Birth
139	F	~2016	105	111	HOPEI	~2016	Birth
143	F	~2017	105	111	HOPEI	~2017	Birth
144	?	~2017	105	111	HOPEI	~2017	Birth
145	?	~2017	131	137	HOPEI	~2017	Birth

Totals: 6.6.2 (14)

TOTALS: 28.26.2 (56)
3 Institutions

Compiled by: Huang Fei
Hangzhou Zoological Garden
Data current thru: 20 Jul 2018 Regional
Printed on 29 Aug 2019 using Sparks v1.54

Section 3
第三部分

Living individuals, ordered by last location
按最后居住地排列存活个体谱系表

（续表）

Stud #	Sex	Birth Date	Sire	Dam	Location	Date	Event
131	M	~2015	106	107	HOPEI	~2015	Birth
132	M	~2015	UNK	UNK	HOPEI	~2015	Birth
137	F	~2016	105	111	HOPEI	~2016	Birth
138	F	~2016	106	107	HOPEI	~2016	Birth
139	F	~2016	105	111	HOPEI	~2016	Birth
143	F	~2017	105	111	HOPEI	~2017	Birth
144	?	~2017	105	111	HOPEI	~2017	Birth
145	?	~2017	131	137	HOPEI	~2017	Birth

Totals: 5.6.2 (13)

TOTALS: 20.22.2 (44)
3 Institutions

Compiled by: Huang Fei
Hangzhou Zoological Garden
Data current thru: 20 Jul 2018 Regional
Printed on 29 Aug 2019 using Sparks v1.54

Section 4
第四部分

Analysis Report
分析报告

Age Report
BLACK FRONTED MUNTJAC Studbook

Taxon Name: MUNTIACUS CRINIFRONS

Age	Males	Females
16-	X	X
15-	X	XX
14-	X	
13-	X	
12-	X	
11-	X	
10-		X
9-		X
8-		X
7-		X
6-	XX	
5-	X	XXX
4-	XXX	X
3-	XX	XXXXXX
2-	XXX	? XXXXX
1-	XX ?	
0-	X	

X >>> Specimens of known sex...

? >>> Specimens of unknown sex...

Compiled by: Huang Fei
Hangzhou Zoological Garden
Data current thru: 20 Jul 2019 Regional
Printed on 29 Aug 2019 using Sparks v1.54

Oldest dozen males:

105 Captive born	Died at HOPEI at age of ~16Y
101 Wild born	Died at BEIJING at age of ~14Y
103 Wild born	Died at HANGCHOW at age of ~11Y,0M,18D
117 Captive born	Died at BEIJING at age of 8Y,11M,6D
118 Wild born	Died at HANGCHOW at age of ~8Y
127 Captive born	Died at HANGCHOW at age of ~3Y,0M
156 Captive born	Died at HANGCHOW at age of 2M,9D
148 Captive born	Died at HANGCHOW at age of 1M,14D

Oldest dozen females:

109 Wild born	Died at HANGCHOW at age of ~13Y
102 Wild born	Died at HANGCHOW at age of ~11Y,0M,18D
104 Wild born	Died at BEIJING at age of ~7Y
129 Captive born	Died at BEIJING at age of 2Y,6M,24D
109 Wild born	Died at HANGCHOW at age of ~13Y
102 Wild born	Died at HANGCHOW at age of ~11Y,0M,18D
104 Wild born	Died at BEIJING at age of ~7Y
129 Captive born	Died at BEIJING at age of 2Y,6M,24D

Oldest dozen living males:

106 Captive born	At HOPEI at age of ~16Y
110 Captive born	At HOPEI at age of ~15Y
112 Captive born	At BEIJING at age of 14Y,4M,5D
113 Captive born	At HANGCHOW at age of 13Y,9M,12D
114 Captive born	At HANGCHOW at age of 12Y,11M,10D
115 Captive born	At BEIJING at age of 11Y,2M,24D
122 Captive born	At HANGCHOW at age of 6Y,4M,8D
123 Captive born	At HANGCHOW at age of 6Y,2M,12D
126 Captive born	At HANGCHOW at age of 5Y,3M,6D

（续表）

132 Captive born	At HOPEI at age of ~4Y
131 Captive born	At HOPEI at age of ~4Y
130 Captive born	At HOPEI at age of ~4Y

Oldest dozen living females:

107 Captive born	At HOPEI at age of ~16Y
108 Captive born	At BEIJING at age of 15Y,3M,27D
111 Captive born	At HOPEI at age of ~15Y
116 Captive born	At BEIJING at age of 10Y,3M,17D
119 Wild born	At HANGCHOW at age of ~9Y
120 Wild born	At HANGCHOW at age of ~8Y
121 Wild born	At HANGCHOW at age of ~7Y
124 Captive born	At BEIJING at age of 5Y,9M,19D
125 Captive born	At HANGCHOW at age of 5Y,4M,2D
128 Captive born	At HANGCHOW at age of ~5Y
133 Captive born	At HANGCHOW at age of 4Y,1M,15D
136 Captive born	At BEIJING at age of 3Y,2M,14D
133 Captive born	At HANGCHOW at age of 3Y,0M,28D

Inbreeding Coefficient Report
BLACK FRONTED MUNTJAC Studbook

Taxon Name: MUNTIACUS CRINIFRONS

Stud #	Sex	Age	Sire	Dam	Location	Death Date	Inbreeding
101	Male	~14Y	WILD26	WILD27	BEIJING	~2007	0
102	Female	~11Y,0M,18D	WILD1	WILD2	HANGCHOW	~2011	0
103	Male	~11Y,0M,18D	WILD3	WILD4	HANGCHOW	~2011	0
104	Female	~7Y	WILD24	WILD25	BEIJING	~2008	0
105	Male	~16Y	WILD14	WILD15	HOPEI	16-Feb-19	0
106	Male	~15Y	WILD16	WILD17	HOPEI		0
107	Female	~15Y	WILD18	WILD19	HOPEI		0
108	Female	14Y,3M,10D	101	104	BEIJING		0
109	Female	~13Y	WILD	WILD	HANGCHOW	20-Aug-17	0
110	Male	~14Y	WILD20	WILD21	HOPEI		0
111	Female	~14Y	WILD22	WILD23	HOPEI		0
112	Male	13Y,3M,19D	101	104	BEIJING		0
113	Male	12Y,8M,26D	103	102	HANGCHOW		0
114	Male	11Y,10M,24D	103	102	HANGCHOW		0
115	Male	10Y,2M,7D	112	108	BEIJING		0.25
116	Female	9Y,2M,30D	112	108	BEIJING		0.25
117	Male	8Y,11M,6D	112	108	BEIJING	~May 2019	0.25
118	Male	~8Y	WILD7	WILD8	HANGCHOW	3-Jan-19	0
119	Female	~0D	WILD5	WILD6	HANGCHOW	~2010	0
120	Female	~0D	WILD9	WILD10	HANGCHOW	~2011	0
121	Female	~2Y	WILD11	WILD12	HANGCHOW	1-May-15	0
122	Male	0D	118	119	HANGCHOW	27-Apr-13	0
123	Male	5Y,1M,26D	113	109	HANGCHOW		0

（续表）

Stud #	Sex	Age	Sire	Dam	Location	Death Date	Inbreeding
124	Female	4Y,9M,2D	112	108	BEIJING		0.25
125	Female	0D	118	119	HANGCHOW	3-May-14	0
126	Male	0D	118	120	HANGCHOW	30-May-14	0
127	Male	~3Y,0M	113	109	HANGCHOW	~2017	0
128	Female	~9M	WILD13	121	HANGCHOW	1-May-15	0
129	Female	2Y,6M,24D	112	108	BEIJING	~2017	0.25
130	Male	~3Y	105	111	HOPEI		0
131	Male	~3Y	106	107	HOPEI		0
132	Male	~3Y	UNK	UNK	HOPEI		0
133	Female	3Y,0M,28D	113	109	HANGCHOW		0
134	Male	2Y,10M,3D	112	108	BEIJING		0.25
135	Male	2Y,2M,13D	114	120	HANGCHOW		0
136	Female	2Y,1M,28D	112	116	BEIJING		0.375
149	Female	3Y,2M,12D	WILD32	WILD33	BEIJING		0
137	Female	~2Y	105	111	HOPEI		0
139	Female	~2Y	105	111	HOPEI		0
138	Female	~2Y	106	107	HOPEI		0
140	Female	2Y,1M,14D	112	108	BEIJING		0.25
141	Female	1Y,11M,6D	123	121	HANGCHOW		0
151	Female	2Y,3M,17D	112	108	BEIJING		0.25
150	Male	2Y,3M,17D	WILD34	WILD35	BEIJING		0
142	Female	1Y,2M,1D	123	121	HANGCHOW		0
143	Female	~1Y	105	111	HOPEI		0
144	Unknown	~1Y	105	111	HOPEI		0
145	Unknown	~1Y	131	137	HOPEI		0
152	Male	2Y,0M,22D	MULT1	124	BEIJING		0
146	Female	11M,20D	118	119	HANGCHOW		0
153	Male	1Y,10M,25D	MULT1	116	BEIJING		0

（续表）

Stud #	Sex	Age	Sire	Dam	Location	Death Date	Inbreeding
147	Unknown	3M,4D	123	121	HANGCHOW		0
154	Male	1Y,2M,13D	MULT1	116	BEIJING		0
148	Unknown	1M,16D	122	133	HANGCHOW	15-Aug-18	0
155	Male	3M,28D	123	121	HANGCHOW		0
156	Male	2M,9D	122	133	HANGCHOW	7-Aug-19	0

Specimens listed in birth date order.

5 Unknown parents treated as founders.

Parent IDs shown as ?'s are unknown and therefore treated as founders.

Compiled by:Huang Fei

Hangzhou Zoological Garden

Data current thru: 20 Jul 2018 Regional

Printed on 29 Aug 2019 using Sparks v1.54

Generation Report
BLACK FRONTED MUNTJAC Studbook

Taxon Name: MUNTIACUS CRINIFRONS

Stud ID	Sire	Dam	Sex	Birth	Low T	Average T	High T
101	WILD26	WILD27	Male	Wild born	0	0	0
102	WILD1	WILD2	Female	Wild born	0	0	0
103	WILD2	WILD3	Male	Wild born	0	0	0
104	WILD24	WILD25	Female	Wild born	0	0	0
105	WILD14	WILD15	Male	Captive born	1	1	1
106	WILD16	WILD17	Male	Captive born	1	1	1
107	WILD18	WILD19	Female	Captive born	1	1	1
108	101	101	Female	Captive born	1	1	1
109	WILD	WILD	Female	Wild born	0	0	0
110	WILD20	WILD21	Male	Captive born	1	1	1
111	WILD22	WILD23	Female	Captive born	1	1	1
112	101	101	Male	Captive born	1	1	1
113	103	102	Male	Captive born	1	1	1
114	103	102	Male	Captive born	1	1	1
115	112	108	Male	Captive born	2	2	2
116	112	108	Female	Captive born	2	2	2
117	112	108	Male	Captive born	2	2	2
118	WILD7	WILD8	Male	Wild born	0	0	0
119	WILD5	WILD6	Female	Wild born	0	0	0
120	WILD9	WILD10	Female	Wild born	0	0	0
121	WILD11	WILD12	Female	Wild born	0	0	0
122	118	119	Male	Captive born	1	1	1
123	113	109	Male	Captive born	1	1.5	2

（续表）

Stud ID	Sire	Dam	Sex	Birth	Low T	Average T	High T
124	112	108	Female	Captive born	2	2	2
125	118	119	Female	Captive born	1	1	1
126	118	120	Male	Captive born	1	1	1
127	113	109	Male	Captive born	1	1.5	2
128	WILD13	121	Female	Captive born	1	1	1
129	112	108	Female	Captive born	2	2	2
130	105	111	Male	Captive born	2	2	2
131	106	107	Male	Captive born	2	2	2
132	UNK	UNK	Male	Captive born	1	1	1
133	113	109	Female	Captive born	1	1.5	2
134	112	108	Male	Captive born	2	2	2
135	114	120	Male	Captive born	1	1.5	2
136	112	116	Female	Captive born	2	2.25	3
137	105	111	Female	Captive born	2	2	2
138	106	107	Female	Captive born	2	2	2
139	105	111	Female	Captive born	2	2	2
140	112	108	Female	Captive born	2	2	2
141	123	121	Female	Captive born	1	1.75	3
142	123	121	Female	Captive born	1	1.75	3
143	105	111	Female	Captive born	2	2	2
144	105	111	Unknown	Captive born	2	2	2
145	131	137	Unknown	Captive born	3	3	3
146	118	119	Female	Captive born	1	1	1
147	123	121	Unknown	Captive born	1	1.75	3
148	122	133	Unknown	Captive born	2	2.25	3
149	WILD32	WILD33	Female	Captive born	1	1	1
150	WILD34	WILD35	Male	Captive born	1	1	1
151	112	108	Female	Captive born	2	2	2

（续表）

Stud ID	Sire	Dam	Sex	Birth	Low T	Average T	High T
152	MULT1	124	Male	Captive born	1	2	3
153	MULT2	116	Male	Captive born	1	2	3
154	MULT3	108	Male	Captive born	1	1.5	2
155	123	121	Male	Captive born	1	1.75	3
156	122	133	Male	Captive born	2	2.25	3

Averages: T-Low value =1.19

T-Average value=1.3421

T-High value=1.54

Section 5
第五部分

Location Glossary
BLACK FRONTED MUNTJAC
黑麂谱系地点说

Location Glossary
- BLACK FRONTED MUNTJAC Studbook

ANHWEI	ANHUI	China, Far Eastern Asi, Asian Region		
BEIJING	Beijing Zoological Gardens	137 Xi Zhi Men Wai Street, Beijing, China,	100044	fax:86 0106832 1959
HANGCHOW	Hangchow Zoological Garden	40 Hu Pao Ave, Hangchow, Chekiang, China		
HOPEI	Hopei Xiaoyaotsin Park	Hopei, Anhwei, China		
Total number of institutions: 4				

参考文献

鲍毅新，吴华.专题12 浙江黑麂资源调查研究.浙江林业资源调查（野生动物卷）[M].北京：中国农业科学技术出版社，2002.

段幸生, 刘爱华, 刘瑞清,等. 黑麂(*Muntiacus crinifrons*)染色体的多态及着丝粒的研究[J]. 动物学研究, 1984(01):45-50+113-114.

马昆, 施立明. 小麂、黑麂、赤麂精母细胞联会复合体的比较研究[J]. 遗传学报, 1988(04):44-51+85-86.

季国华, 郑伟成, 王华,等. 基于分子及传统方法对九龙山自然保护区黑麂资源研究[J]. 浙江林业科技, 2015, 000(004):1-6.

盛和林, 陆厚基. 黑麂(*Muntiacus crinifrons* Sclater)的繁殖[J]. 兽类学报, 1981, 1(1):14-18.

盛和林. 中国鹿科动物[J]. 生物学通报, 1992, 000(005):4-7.

王宗仁, 杜若甫. 鹿属(Cervus)染色体组型的进化[J]. 遗传学报, 1982(1):26-33.

吴海龙.黑麂的保护遗传学研究[D].杭州：浙江大学,2006.

郑荣泉, 鲍毅新. 黑麂食物组成及其季节变化[J]. Current Zoology, 2007, 53(2):201-207.

H. Jiang, Artificial feeding and breeding research of black muntjac, Anhui Linye (4)(2002) 28.

H.L. Wu, Studies on the Conservation Genetics of Black Muntjac (*Muntiacus crinifrons*) [D], Zhejiang University, Hangzhou, 2006.

H.Y. Cheng, Y.X. Bao, L. Chen, X.W. Zhou, Z.Y. Hu, B.M. Ge, Genetic diversity of theblack muntjac (*Muntiacus crinifrons*) population in the central area of Anhui andZhejiang Province, Acta Zool. Sin. 54 (1) (2008) 96–103.

H.Y. Cheng, Y.X. Bao, R.Q. Zheng, L. Chen, B.M. Ge, Black muntjac faecal DNAextraction techniques in PCR reaction, Ecologic Science 25 (2) (2006) 158–161.

H. Zhang, The Individual Identity, Parentage Analysis and Home Range Determina-tion of Wapiti Based on Faeces Molecular Biology [D], Northeast Forestry University,Haerbin, 2006.

J.J. Constable, C. Packer, D.A. Collins, A.E. Pusey, Nuclear DNA from primate dung,Nature 373 (6513) (1995) 393-393.

J. Liu, Individual and Sexual Identification of Black Muntjac Based on Fecal Samples[D], Zhejiang Normal University, Jinhua, 2012.

J.N. Garnier, M.W. Bruford, Mating system and reproductive skew in the blackrhinoceros, Mol. Ecol. 10 (8) (2001) 2031–2041.

M. Kohn, F. Knauer, A. Stoffella, W. Schröder, S. Pääbo, Conservation genetics of theEuropean brown bear—a study using excremental PCR of nuclear and mitochondrialsequences, Mol. Ecol. 4 (1) (2008) 95–103.

P. Taberlet, L.P. Waits, G. Luikart, Noninvasive genetic sampling: look before youleap, Tree 14 (8) (1999) 323–327.

Reed J Z,Toillit D J,Thompson P M,et al.Molecular seatology:the usr of molecular genetic analysis to assign species,sex and individual identity to seal faeces[J].Molecular Ecology,1997,6(3):225-234.

R. Higuchi, C.H. von Beroldingen, G.F. Sensabaugh, H.A. Erlich, DNA typing fromsingle hair, Nature 332 (6164) (1998) 543–546.

S. Wang, China Red Data Book of Endangered Animals: Animals, Science Publishing,Beijing, 1998.

X.W. Zhou, Y.X. Bao, A simple method for DNA extraction from faces of *Muntiacus crinifrons*, Journal of Zhejiang Normal University: Natural Sciences 31 (2) (2008)214–219.

Y.F. Wang, Studies on Individual Identification and Paternity Testing of the White-Headed Langur (*Trachypithecus leucocephalus*) [D], Guangxi Normal University,Guilin, 2006.

Y.G. Zhang, Parentage and Genetic Diversity Studies in Amur Tiger (*Panthera tigrisaltaica*) Using Microsatellite DNA Markers [D], Hunan Agricultural University,Changsha, 2002.

Y.L. Wu, W.B. Bao, H.X. Zhang, W.P. Zheng, W.B. Li, Q. Xu, G.H. Chen, Analysis of ge-netic diversity and relationship of Panthera tigris altaica using microsatellitemarkers, Journal of Yangzhou University: Agricultural and Life Science Edition 32(1) (2011) 87–91.

Y.N. Wang, Y.X. Bao, J. Liu, J.J. Lin, X. Zhang, W.C. Zheng, C.C. Pan, Genetic diversity ofblack muntjac (*Muntiacus crinifrons*) in Jiulongshan National Reserve by feces DNA,Acta Theriol. Sin. 32 (2) (2012) 101–109.

Y.W. Zhang, S.K. Lawrance, O.A. Ryder, Y.P. Zhang, R. Isaza, Identification of monozy-gotic twin chimpanzees by microsatellite analysis, Am. J. Primatol. 52 (2) (2000)101–106.

Y.X. Bao, H.Y. Cheng, X.W. Zhou, L. Chen, Z.Y. Hu, B.M. Ge, Genetic diversity of threepopulation of the black muntjac (*Muntiacus crinifrons*), Acta Ecol. Sin. 28 (8) (2008)4030–4036.

Z.H. Zhang, F.J. Shen, S. Sun, V.A. David, A.J. Zhang, S.T. O'Brien, Paternity assignmentof Giant Panda by microsatellite genotyping, Hereditas 4 (5) (2003) 504–509.